Space for kids

探索童趣空间

《设计家》编　君誉文化 策划

大连理工大学出版社

图书在版编目(CIP)数据

探索童趣空间 / 《设计家》编. -- 大连：大连理工大学出版社，2019.8
ISBN 978-7-5685-2000-3

Ⅰ. ①探… Ⅱ. ①设… Ⅲ. ①儿童—房间—室内装饰设计—图集 Ⅳ. ①TU241.049-64

中国版本图书馆CIP数据核字（2019）第102235号

出版发行：大连理工大学出版社
（地址：大连市软件园路80号　邮编：116023）
印　　刷：上海锦良印刷厂有限公司
幅面尺寸：235mm × 310mm
印　　张：20
字　　数：280千字
插　　页：4
出版时间：2019年8月第1版
印刷时间：2019年8月第1次印刷
责任编辑：裘美倩
责任校对：张　泓
封面设计：君誉文化

ISBN 978-7-5685-2000-3
定　　价：298.00元

电　　话：0411-84708842
传　　真：0411-84701466
邮　　购：0411-84708943
E-mail：jzkf@dutp.cn
URL：http://dutp.dlut.edu.cn

“儿童的世界是儿童自己去探索去发现的，

他自己所求来的知识才是真知识，

他自己所发现的世界，

才是他的真世界。”

——陈鹤琴（中国现代儿童教育之父）

Forewords
前言

在经过设计的场所里探寻世界
——三种典型儿童空间设计

随着社会经济文化发展，“为儿童设计”已经发展成为一个重要的课题。当下的儿童空间设计，主要集中在三种典型空间，即学习（教育）空间、儿童公共游戏空间和商业空间，它们共同构成了当代儿童（尤其是城市儿童）在家庭以外的主要活动场所。

本书的宗旨，就在于探讨如何基于特定的项目，在三种典型空间中通过设计鼓励儿童在探索中认识世界、实现身心良好的发展。

“为儿童设计”的认知科学基础：年龄、社会化、自主探索

儿童空间设计的基础是这些场所的使用者在年龄、行为、心理等方面的特点。设计师所参考的重要依据之一，是儿童心理学家让·皮亚杰提出的认知发展理论，他以认知结构为依据概括了儿童的成长过程，包括感知运动阶段（0～2岁）、前运算阶段（2～7岁）、具体运算阶段（7～12岁）以及形式运算阶段（12岁以后）。我国则通常以婴儿期、幼儿期、学龄期和青春期进行区分。从婴儿到青少年，伴随着一个逐渐社会化的过程。

实际上，对于使用者（儿童）而言，无论是学习（教育）空间、儿童公共游戏空间，还是商业空间，都是他们所依赖的、重要的学习场所——他们通过游戏、小组学习、自发学习、集体学习等方式在不同的场所中获得全方位的发展。

过去数十年来主流的儿童教育学、心理学研究，普遍将“游戏”视为儿童生活中最重要的内容。而且，从蒙特梭利到瑞吉欧，不同的儿童教育理念体系均强调“自主探索”的意义。苏霍姆林斯基说：“人的内心里有一种根深蒂固的需要——总想感到自己是发现者、研究者、探寻者。在儿童的精神世界中，这种需求特别强烈。但如果不向这种需求提供养料，即不积极接触事实和现象，缺乏认识的乐趣，这种需求就会逐渐消失，求知兴趣也与之一道熄灭。”

因此，无论是何种功能的儿童空间，都需要将以下两方面作为基点：

(1) 基于不同年龄层的使用者而进行区域、设施设计，并创造性地营造出适合于混龄使用的场所。

(2) 创造出促进交往的空间，使之能够有效激励儿童自主发展与同龄人、与较大或较小儿童、与不同角色的成年人（包括亲人、教师、工作人员等）之间的互动。

学习（教育）空间设计：基于新形势下的教育理念

本书所收录的相关项目主要包括教育机构（托儿所、早教中

心、教育培训机构）以及学校（幼儿园、小学和中学），它们构成了当下儿童最重要的两类学习场所。

近年来，国内涌现了相当多突破性的“学校”设计项目，从幼儿园、小学、中学到大学，并且在设计领域及社会大众范畴内颇受好评。它们所“破”的，是在过去数十年中已成为定规的校园空间，比如60后、70后和80后所熟悉的学校走道设计、教室布局方式，乃至立面特征、雕塑风格等。

早前，英国教育家哈里森曾经这样批评传统的学校建筑：“应该说，对老式学校的最大控诉不是在物理上的，而是在心理学上的，它确实地，很大可能地，是对童年的恐惧和对日后生活的神经质焦虑的强烈连接。”这当然不能直接对应于我国以往的学校建筑，但英国随之而来的一系列教育实验（开放学校、开放教室）等所伴随的开放空间设计实践，的确给予了中国设计师某些启发。

促使近年来学校建筑及广义上教育空间发生变化的因素，有如下几种：

（1）伴随着城市化进程，学校获得更充足的经费支持。

（2）伴随着教育竞争的日趋激烈，以及办学方式的多元化，教学内容与方式、各方对学校各功能空间的认识不断发生改变。

（3）学校，作为城市空间的一部分，作为所在教育集团、地域等的形象实体，人们对它的可辨识度、构成、空间氛围等都给予了前所未有的关注。

正是在以上背景下，我们可以看到学校（幼儿园、小学和中学）建筑的设计正在朝如下方向发展：

（1）避免过于巨大的体量，以“组团”手法处理各功能区域之间的比例关系，使得校园内形成一系列互动良好的聚落。

（2）重视交通空间与公共空间，使之成为富有活力的交往和游戏空间。

（3）消解空间的“硬度”，增强空间的可变性与弹性，增加学校内部可供灵活使用的室内外空间，给予儿童和青少年更丰富的空间体验和更明显的“主体意识”。

值得注意的是，由于在过去的20年中教育培训机构不断发展壮大，形成了众多连锁品牌，因此“学习机构”的空间设计也已经成为常见的设计对象。通常地，此类空间的设计更多地聚焦于以下问题：

（1）因主题的差异开展空间布局，比如根据运营需求设置相应比例的大小教室，又比如根据培训内容的需求解决相应的水、照明等设施。

（2）注重色彩、造型和装饰要素的标准化，明确体现品牌特征。同时，基于这种标准实现不同门店空间的差异化设计。

（3）注重对于入口、接待区域、公共活动区域的设计，因为它集成了学员日常教学活动、销售、等待区域等功能。

儿童公共游戏空间：自然，历史与城市

所谓的儿童公共游戏空间，指特别为儿童使用设置的场所，包括居住区、公园、街道等公共空间。

游戏是儿童的本能。但在不同的历史与社会背景下，儿童所拥有的游戏空间也是不同的。当我们的城市还没有像现在这样迅猛发展的时候，大量儿童用于游戏的场所可能是屋前空地、街巷、林地、田边等，见缝插针，并无明显的边界。而随着城市化进程的发展，城市居住的密度增加，车辆数量不断攀升新高，儿童游戏空间也持续受到"挤压"。出于安全的考虑，同时也出于对儿童游戏空间需求的认识，建设儿童友好型城市已然成为设计界与大众的共识。

早在1933年，《雅典宪章》就提出应在居住区内设置专门的儿童游戏空间；20世纪初，美国掀起了"儿童游戏场地运动"，这场运动逐渐在全球范围内产生了积极的影响。后来，英、德等国建立了自己的儿童游戏场协会，日本则成立了"儿童环境学会"和"儿童与街道空间协会"等。在中国，1986 年出版了《居住区儿童游戏场的规划与设计》，1992年出版了《儿童游戏场设计与实例》。

以本书所收录的公园、街道项目为例，我们希望与读者共同关注这样几个趋势：

（1）儿童公共游戏空间设计作为城市复兴计划的一部分。长期的城乡建设，必然产生大量的工业遗产，由此释放出相当量级的可改造空间。正如本书所收录的比利时在废弃矿山堆上建的游乐场及以色列部分街道改造项目所揭示的那样，这些项目普遍体现出如下特点：

其一，充分利用自然地理特征、既有的植被等，保持其时间上的"厚度"。

其二，从项目所承载的历史记忆中提取素材，创造"可游玩的历史"，巧妙地将历史文化转变为游戏对象。这一转化越是自然，越是具有突破性，越是具有当代色彩，就越成功。

（2）儿童公共游戏空间作为城市新区建设的"触发点"。在当下的城市发展进程中，新建区域成功与否，取决于它是否能够聚集起相当的人气。因此，不同尺度的、亲切的、富有吸引力的公共活动空间，是城市新区的一张名片。基于上述考虑而设计的儿童公共游戏空间，有可能作为单独的对象存在，更有可能是作为城市公共空间的一个局部。无论如何，它们往往结合了对高度差、对自然景观、对标志性元素的艺术化设计，使得它能够最大限度地容纳儿童与家人的各项活动需求。

（3）尤其值得探讨的是，这些儿童公共游戏空间所面对的一项重要课题，就在于如何"还孩子以探索空间"。无可辩驳，当下城市儿童的空间经验与"边界"紧密相连，他们的学习生活都被放置在类型化的场所中。由此，不可避免地产生出一种类似"孤岛"的

体验，从而失去了更充分地沉浸在不同空间、不同地方中穿梭所产生的连续性体验。相比较于学习空间和商业空间，儿童公共游戏空间拥有更多可变因素，有可能提供更灵活，更富冒险色彩，更有助于鼓励儿童和青少年探索其身体能量、生命力量的场所。这一点，可以在本书中的一系列项目中得到佐证。

商业空间设计：突破“模块”

在当下的城市生活中，体验型经济仍然热度不减，儿童游乐空间在大型商业空间中已经成为某种意义上的“标配”。本书收集了一定数量的儿童游乐场所及亲子餐厅项目。这些项目普遍体现了如下特征：

（1）基于品牌建设、运营诉求的明亮色彩。为了在整体环境中成为独具辨识度、个性的存在，它们往往采用亮度较高的色彩组合、显著的造型，营造欢快、活泼、充满阳光与活力的空间氛围。

（2）对“模块”的利用与规避。目前，大型儿童游乐空间普遍遵循这样的布置原则：针对不同年龄儿童进行区域划分，设置局部适合于混龄使用的交叉区域，并且在每个区域都大量采用“现成”的游乐设施。因此，这些空间其实受到了许多有形或无形“模块”的支配。

相应地，许多设计师倾向于通过空间布局、各功能区域之间的关系，尤其是通过“艺术”来寻求突破。由于大量设施是既定的、“硬”的，那么设计师就会从“软”的部分着手，借助绘画艺术、装置艺术、空间艺术来引入更广大的主题（如抽象的自然、人物形象、宇宙、海洋等），赋予整个空间更大的包容力，给予儿童更可观的想象空间。由此，更好地实现人在空间里的流动、想象的流动，促进儿童进行协同游戏。

亲子餐厅，是近年来方兴未艾的一种新型餐厅，是城市儿童活动空间受限、儿童主体意识不断增强的产物。有趣的是，如果我们走访的亲子餐厅足够多，会发现它具有高度的集成色彩。在未来，它很可能会自成一格，在内部产生大量的“子类型”。亲子餐厅在空间设计上有如下几个要点：

（1）游戏空间与就餐空间的关系。

（2）主题化设计，比如有绘本主题餐厅、“纸”主题餐厅、泰迪熊主题餐厅等。

（3）在满足游戏、就餐需求的同时，融合小型公共文化活动空间，将亲子餐厅与艺术展览、手工活动等进行结合。

总而言之，正如我国儿童教育学的奠基人陈鹤琴所说：“儿童的世界是儿童自己去探索去发现的，他自己所求来的知识才是真知识，他自己所发现的世界，才是他的真世界。”无论是学习（教育）空间、儿童公共游戏空间，还是商业空间，我们似乎都不应该忘记——让孩子们在经过“设计”的场所里更有力地探寻世界、获得真知、实现身心健康发展。

CONTENTS
目录

教育空间 Educational Space

探索童趣空间 Space for kids

商业空间 Commercial Space

探索童趣空间 Space for kids

儿童公园 Childrens Park

探索童趣空间 Space for kids

Space for

Educational Space

教育空间

MONTESSORI BEIJING KINDERGARTEN

北京半岛蒙特梭利幼儿园

地点：北京
建筑面积：8 000 m²
客户：半岛教育集团
建筑设计：ArkA
首席建筑师：Michele Lanari
设计师：Giada Leo、**胡译尹、王天岳、**Gregorio Soravito
摄影：Chiara Ye

本项目是 ArkA 与半岛教育集团的第二次合作。在意大利建筑师 Michele Lanari 的带领下，ArkA 潜心研究更适合于中国孩子的成长环境设计，尤其是幼儿园和教育、托管机构，儿童房，亲子空间。设计师的目标是将蒙特梭利教育理念和建筑设计融为一体，创造更合理的空间和更安全的环境，让孩子们能够自由快乐地学习和成长。

原有的建筑物是一个共有四层的开放型空间。设计师的首要任务，是根据孩子的比例尺度来对空间进行改造，然后在改造过程中特别加入许多小房屋的设计，以便让孩子们产生更强的主人感和安全感。

教室被设计成简约的房屋，图书馆则是一个开放空间。设计师在中央种下一棵树，于是这就好似变成了一个乡村小镇的广场。走廊被设计成多功能的开放空间，让孩子们可以便捷地到处活动。这样不仅可以鼓励他们不断发展社交技能，也便于老师的管理。部分走廊被打造成为田野的模样，让小朋友们可以体验季节的变化。

一个蓝色大楼梯连接着每层楼，宛如一条凝固的运河。从整体来看，房屋与楼梯的布置呈现出一幅自然和谐的画面——就像是一座沿河搭建的村庄。这个蒙特梭利幼儿园也如村庄一样形成了一个社区，在这里儿童与成人能够自由交流、互相学习。

设计师针对“门”做了特殊的设计，避免了尖角可能造成的意外，使得年龄很小的幼童也能安全地使用，这无疑契合了蒙特梭利教育的要义。同时，设计师还大量使用窗户，让老师能够更方便地观察每一个小朋友的活动。

设计师相信，构建一个自由、开放的空间可以促使孩子们根据自己的意愿自由活动和学习，不断发展自身潜能——通过这样的设计，孩子们将逐渐学会独立，学会自己做决定，这种能力的成长将在他们未来的学习和生活中发挥重要作用。

Hape

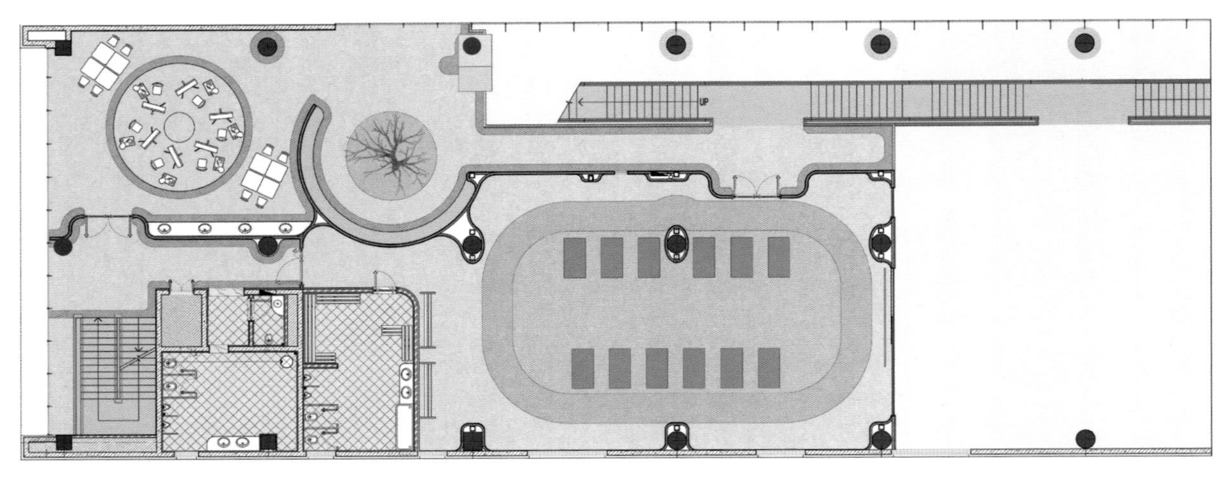

三层平面图

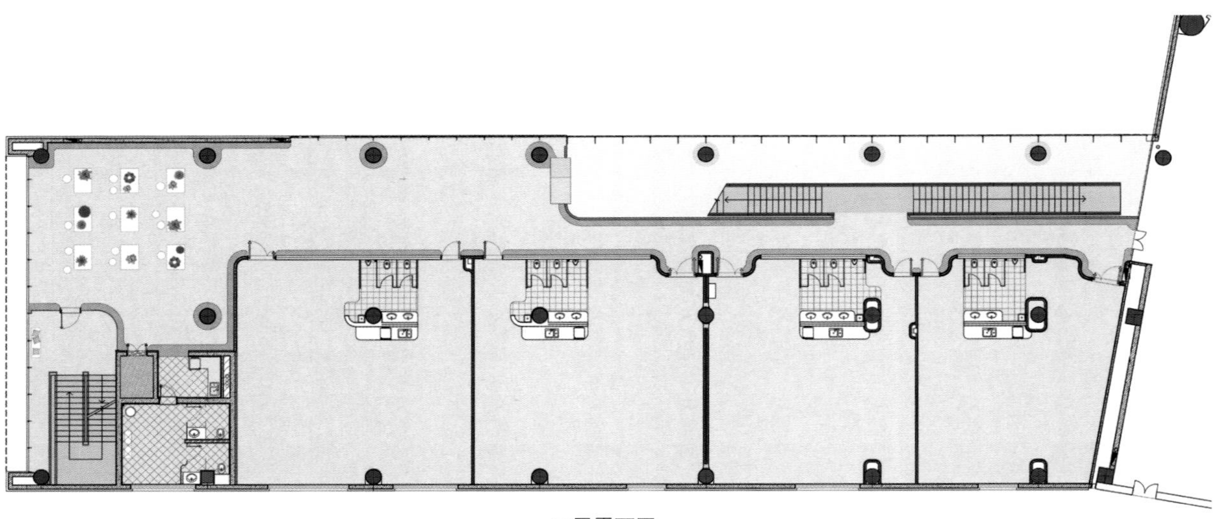

二层平面图

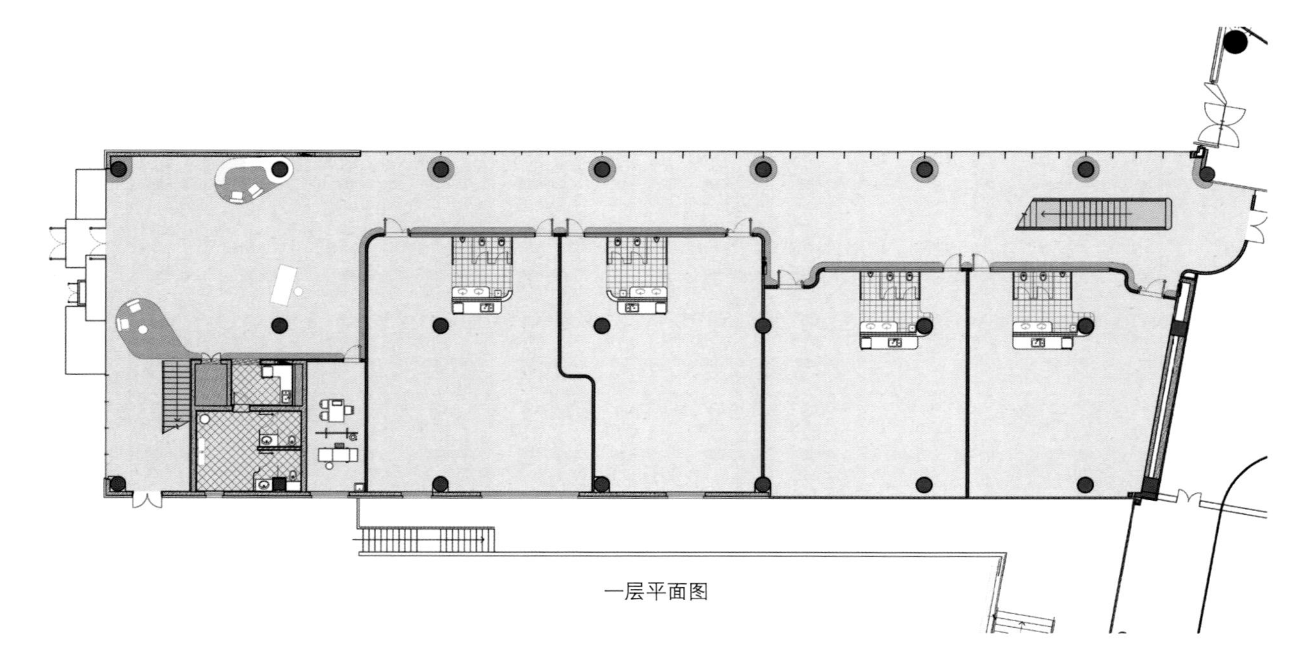

一层平面图

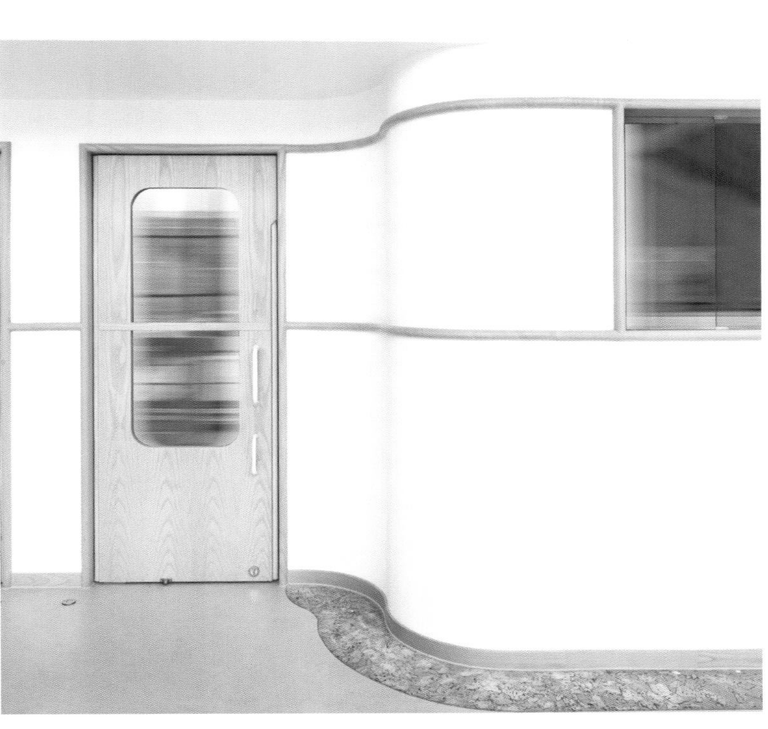

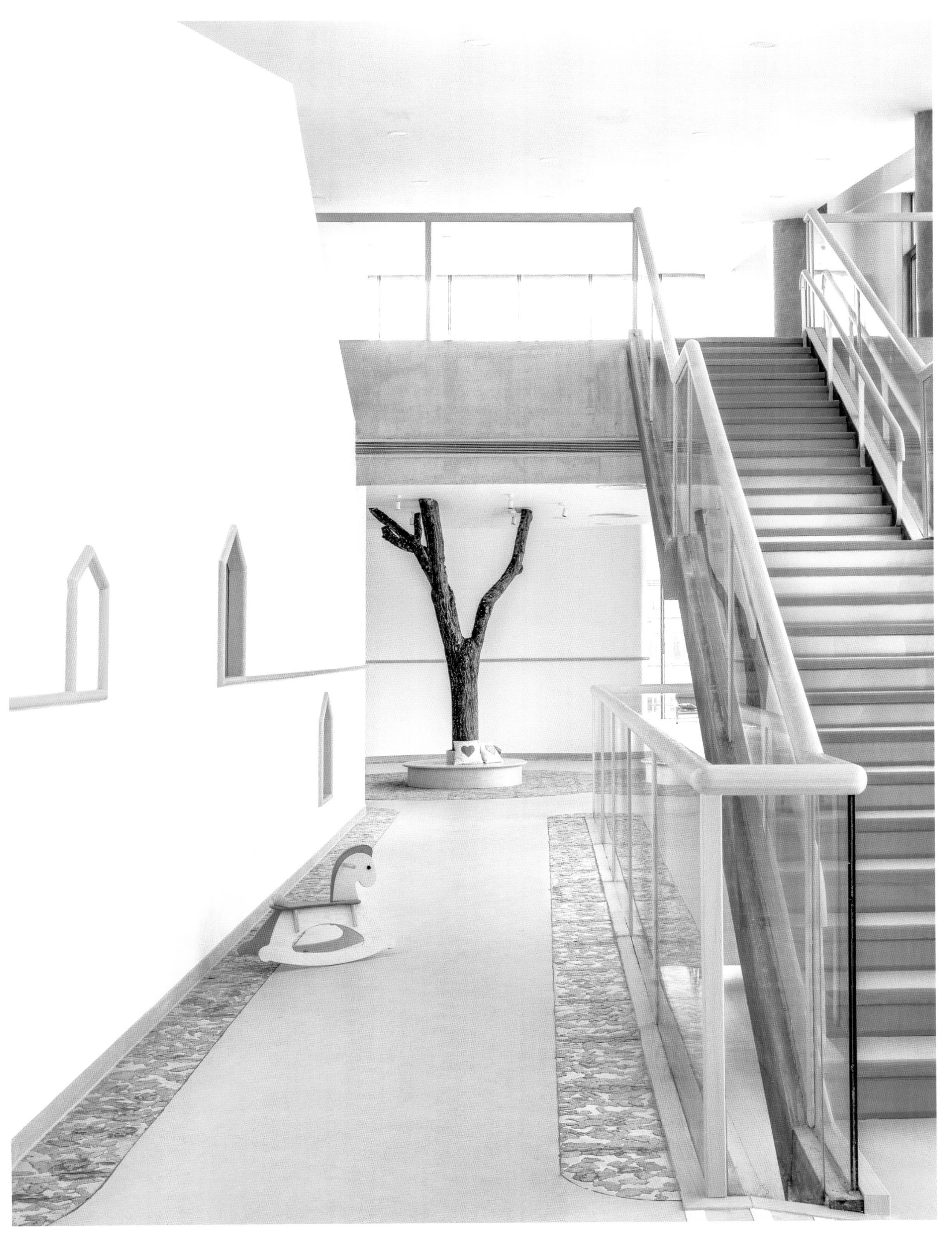

RAFFLES KINDERGARTEN COMPLEX

莱佛士幼儿园及早教中心

地点：河北，怀来
地上建筑面积：10 044 m^2
地下建筑面积：550 m^2
主持建筑师：高亦陶、顾云端
设计团队：高亦陶、顾云端、刘闻天、黄晋、方寒柒、龚宇婕、
祁立晖、董行、陈鑫、孔鸣、司马志彦、杨诗雨
灯光设计：缪海琳
设计单位：空格建筑
合作设计院：张家口中天建筑设计咨询有限公司
摄影：顾云端

项目位于张家口市怀来县的中心城镇——沙城。怀来地处燕山山脉北侧，海拔高，空气透明度好，日照强度也非常高。除主体（幼儿园）之外，项目还包括面向社会开放的早教中心以及为教师提供的宿舍楼。这几部分有时需要互相连通，但平时需要完全隔离。

复合功能与空间组织

根据实际需求，设计师通过一条折线型体量形成条状肌理，用建筑体量替代围墙，对幼儿园的各种功能进行组织与区分：面向东侧支路的，尺度与相邻的住宅区呼应；早教部分作为对外经营的区域，将幼儿园区域与北侧主干道隔开。

褐色体量部分是有明确功能界限的房间，如早教中心、职工住宅、班级活动室、专业教室、教师办公区、后勤服务区等。白色体量则是公共性较强的活动区域，将其他功能体块连接在一起。

自北向南，根据建筑高度限制与日照要求依次布置了早教中心、职工住宅和幼儿园。三种功能之间分别有 600 mm 的高差，这些高差通过内部庭院的台阶联系起来，既是分隔，也是过渡。职工住宅和早教中心通过后勤广场分隔，并将儿童活动场所与这些区域隔离开。

院落产生空间层次

设计师在褐色与白色相间的体量之中植入了若干大小不一的院落，比如入口小院、西侧外挂楼梯小院、后勤院落等。这些院落不仅给孩子们提供了夏天的户外活动场地，为每个房间带来了良好的自然通风与采光，还产生了室内外之间的过渡及缓冲空间。

交通空间？交流空间！

儿童需要通过奔跑、玩耍来释放能量并认识世界。但是在怀来，刮大风的时候，连成年人也无法在风中站稳，只要一张嘴就会吃到一口沙子。

设计提供了一个超尺度的、满足全园儿童四季使用的室内活动空间。它颠覆了以往走廊的概念，拓宽至 6 m 并形成中庭。整个走廊长度超过 80 m，连接着 15 个班级活动室。这个空间足够长，幼儿园的小朋友不仅可以在里面开展常规的游戏，还可以打羽毛球，甚至可以骑自行车。

在室内设计中，设计师考虑到过大的建筑尺度会对儿童造成心理压力，因此在大空间的墙上嵌入了一些符合幼儿尺度的小盒子，为他们提供玩耍攀爬的空间。班级活动室外橙色墙面下的小柜，既可以用来存放孩子们室外穿的鞋，也是他们用来休息的小凳子。

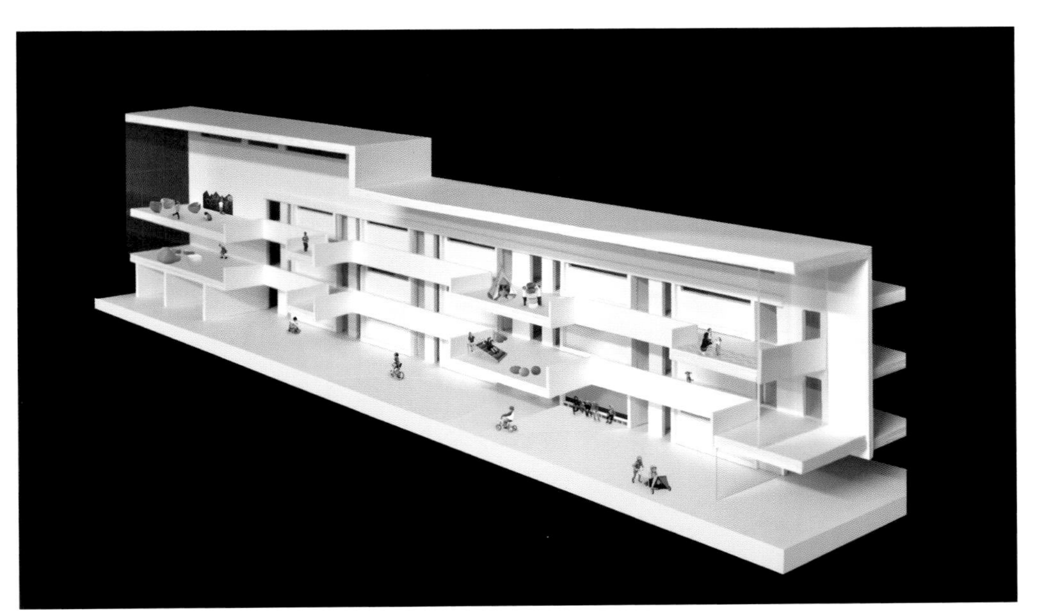

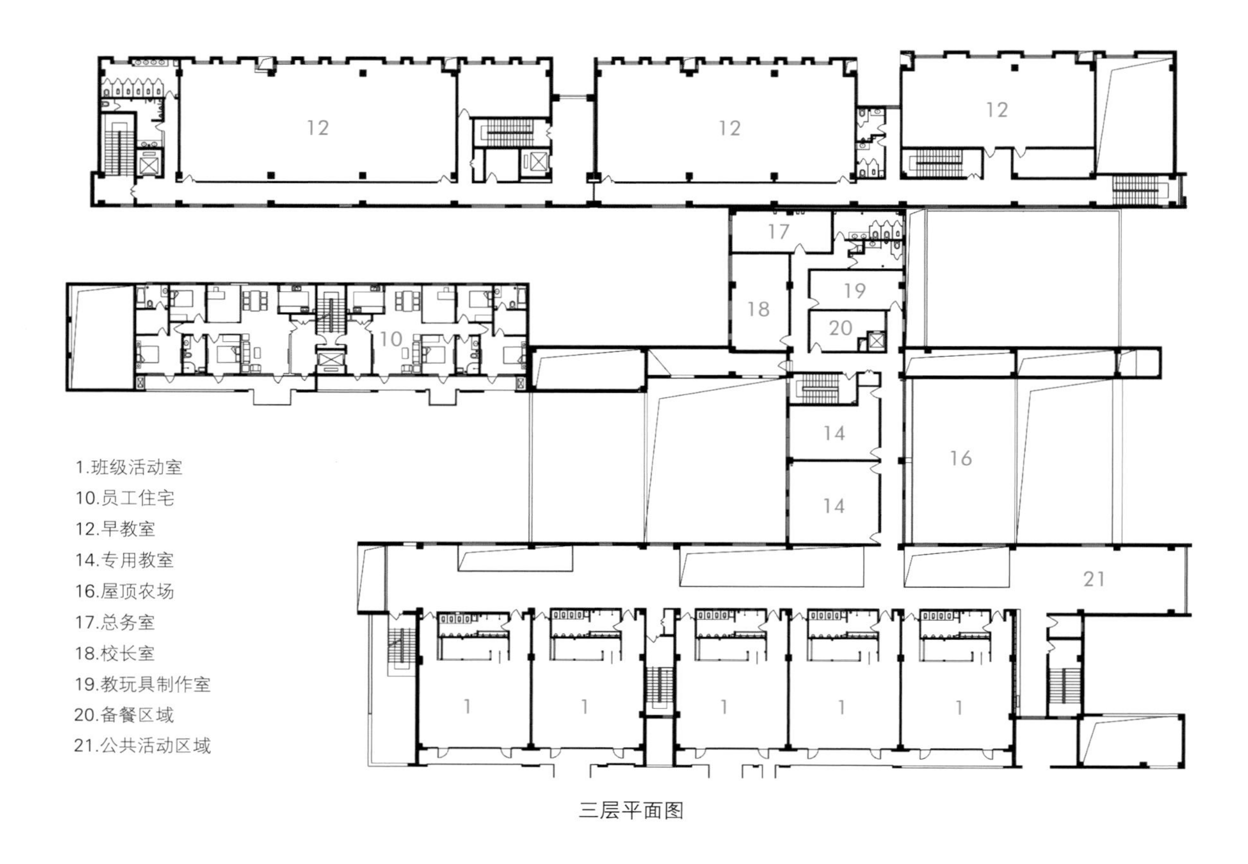
1.班级活动室
10.员工住宅
12.早教室
14.专用教室
16.屋顶农场
17.总务室
18.校长室
19.教玩具制作室
20.备餐区域
21.公共活动区域

三层平面图

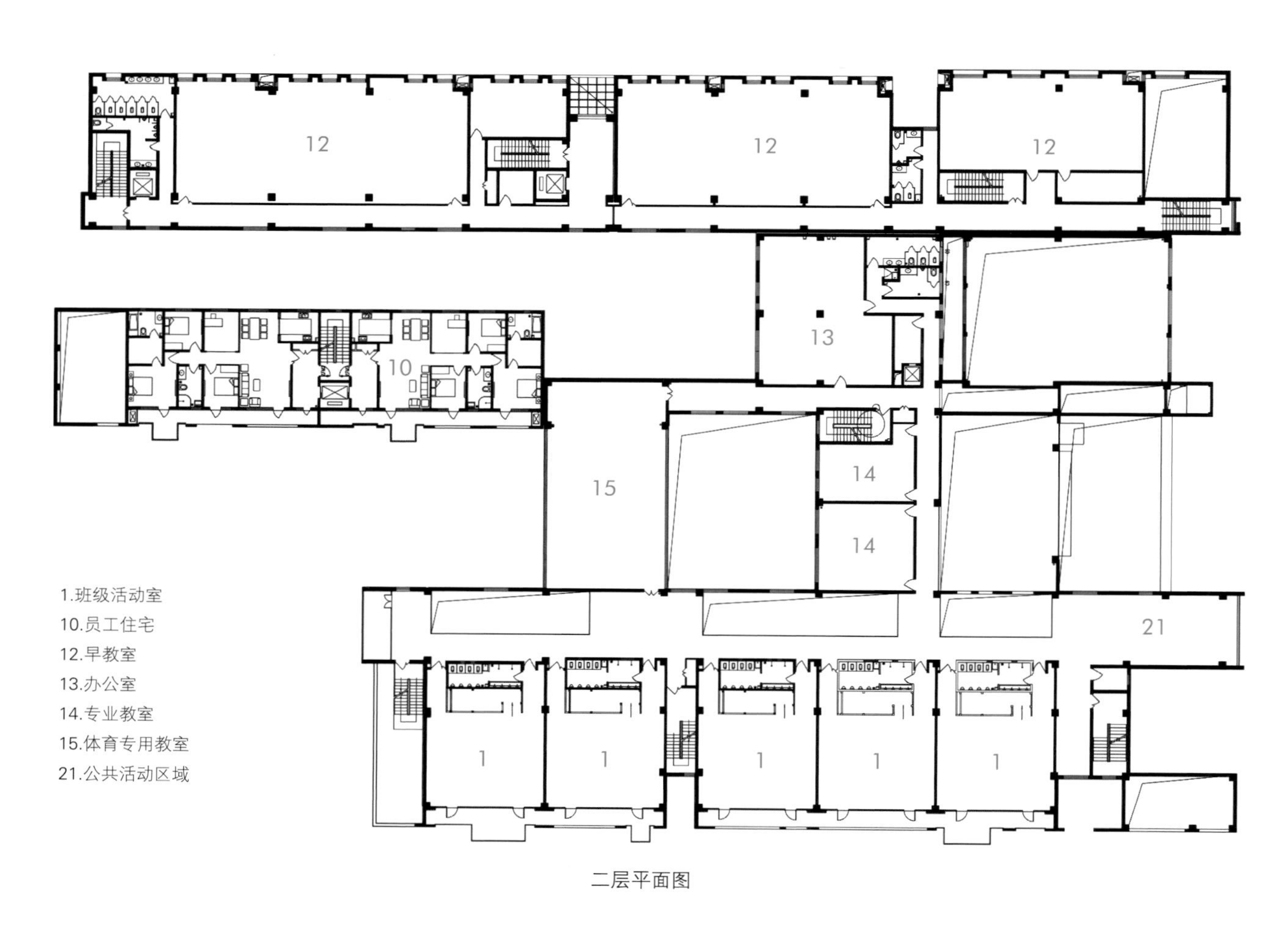
1.班级活动室
10.员工住宅
12.早教室
13.办公室
14.专业教室
15.体育专用教室
21.公共活动区域

二层平面图

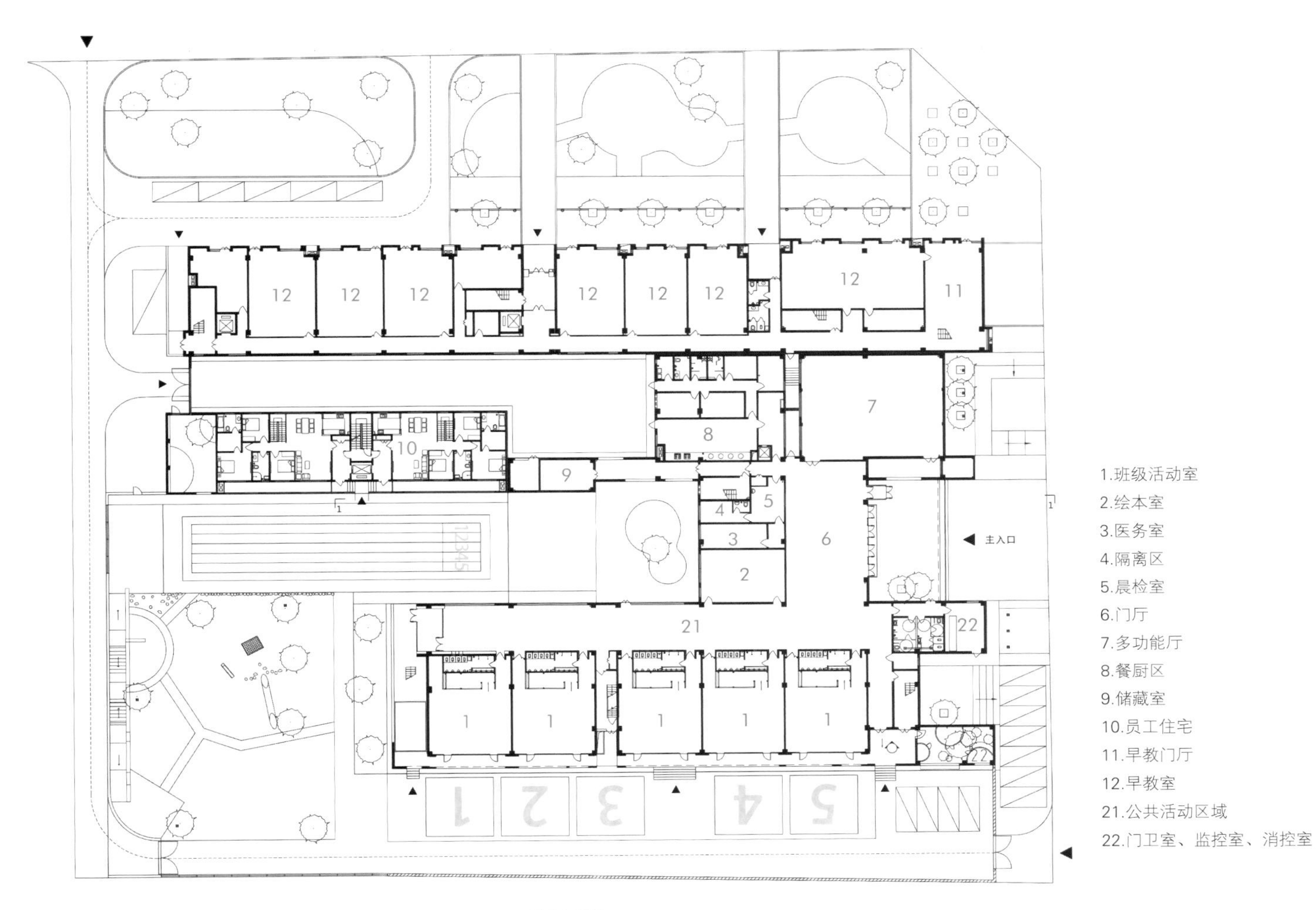
主入口
1.班级活动室
2.绘本室
3.医务室
4.隔离区
5.晨检室
6.门厅
7.多功能厅
8.餐厨区
9.储藏室
10.员工住宅
11.早教门厅
12.早教室
21.公共活动区域
22.门卫室、监控室、消控室

一层平面图

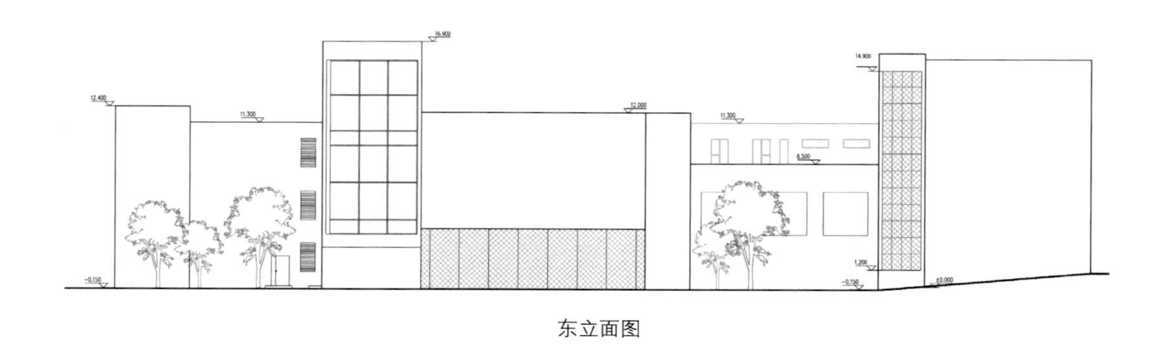

东立面图

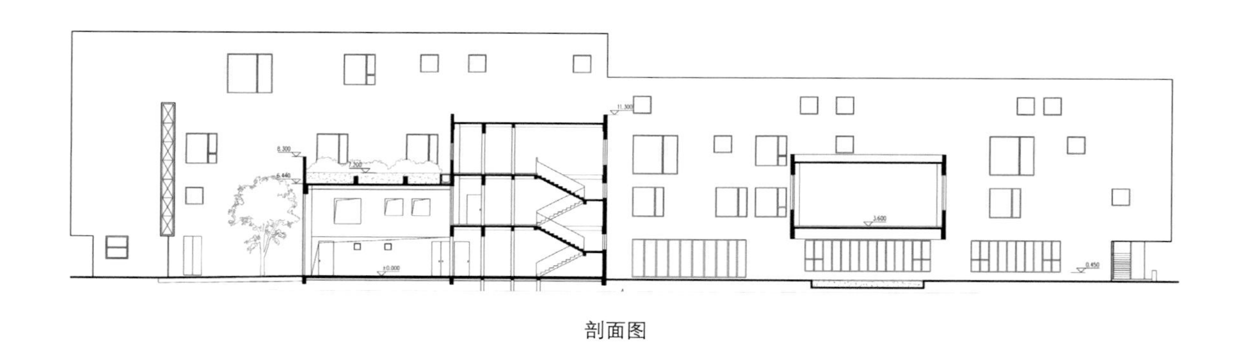

剖面图

to our colorful

HN NURSERY

HN 托儿所

地点：日本，神奈川県秦野市
基地面积：2 651 m^2
建筑面积：573 m^2
设计单位：HIBINOSEKKEI+Youji No Shiro+KIDS DESIGN LABO
摄影：Toshinari Soga (Studio BAUHAUS)

这是一个由家长们组织建设的幼儿园，他们希望孩子们可以在一个充满自然气息的环境中长大。为了达到家长们的期待值，设计师充分利用周围大面积的自然环境，让孩子们时时刻刻都能够感受到自然，在其中尽情玩耍，接受来自自然的感官刺激，不断发展自己的感知能力和创造力。

在幼儿园的室内活动中，孩子们会将许多时间用来跟“材料”打交道。幼儿所使用的材料往往并不具备太多灵活性，这就使得孩子们的游戏在一定程度上被限制住了。但是，在室外活动中，孩子们能够更多地接触、感受季节和天气的变化——他们可以感受阳光的温暖、土地的触感、花朵的芬芳以及天空的颜色。事实上，学校在安排孩子们的活动时就十分注重让他们充分接触自然环境，鼓励他们在自然中观察、发现和思考。幼儿园的空间设计，正是在呼应这一办园理念。

在育儿室中种有一棵巨大的榕树，孩子们可以亲近这位大朋友，甚至在它身上学习如何爬树。阳光透过玻璃制成的屋顶照射进屋内，孩子们也可以在室内看到天空中飘浮的云彩。

操场上有一个 5 m 高的小山坡，即使是处在“爬行期”的婴儿也可以与大地亲密接触，更大一些的孩子则可以到坡上翻滚、爬行，以及挖土。

由此，幼儿园里不同年龄段的孩子都能够充分地亲近自然，采取多种多样的方式玩乐。

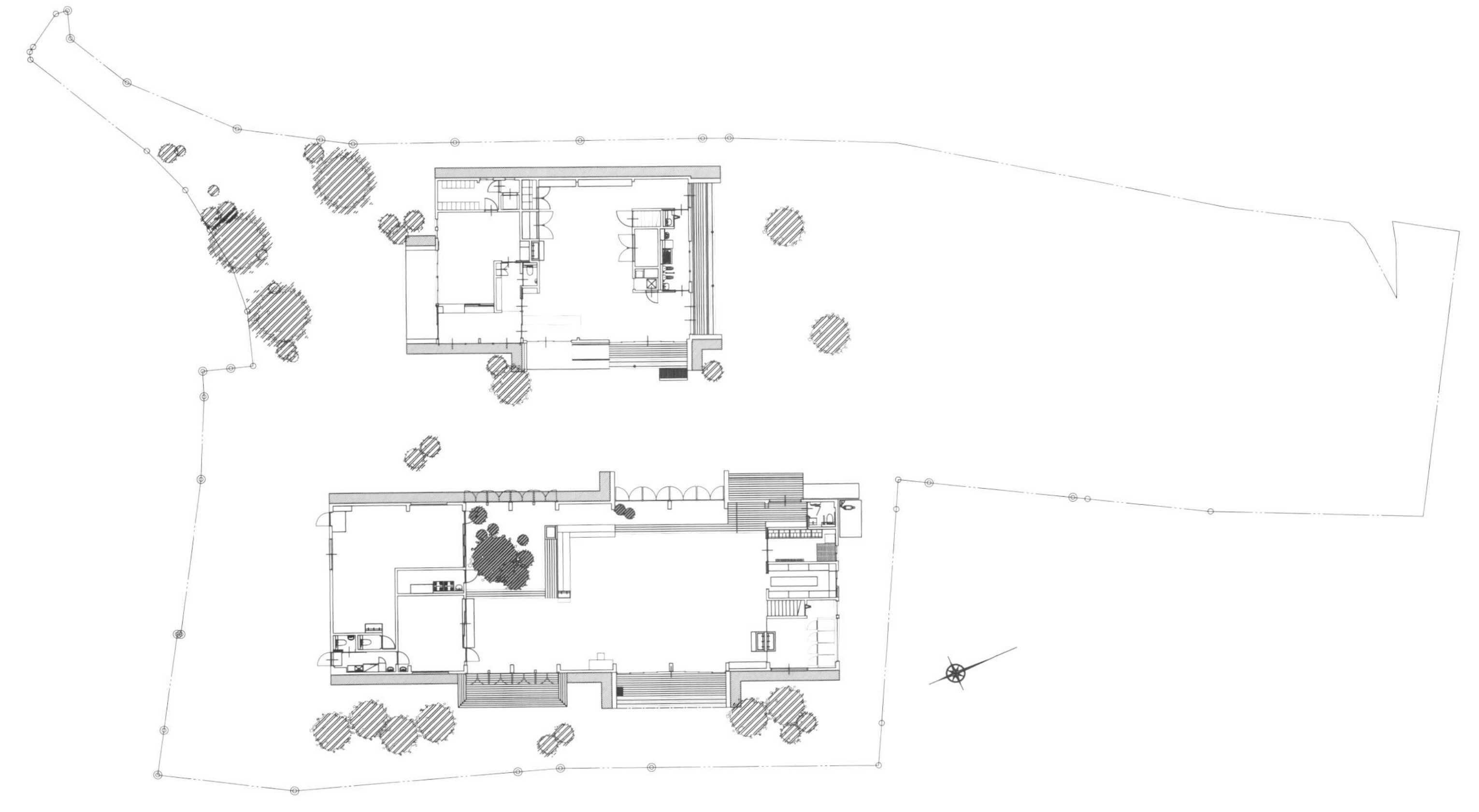

总平面图

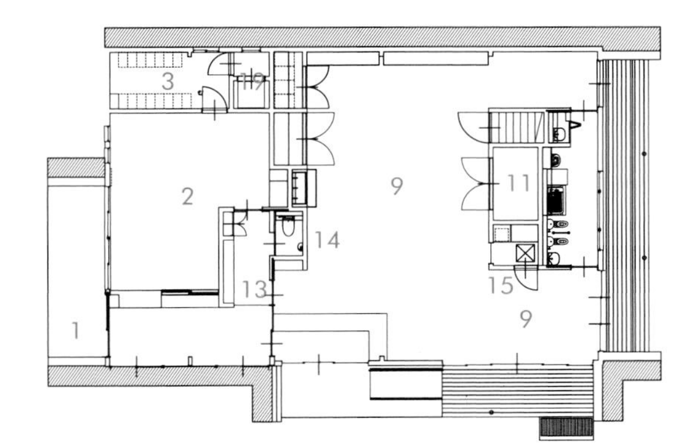

1号建筑平面图

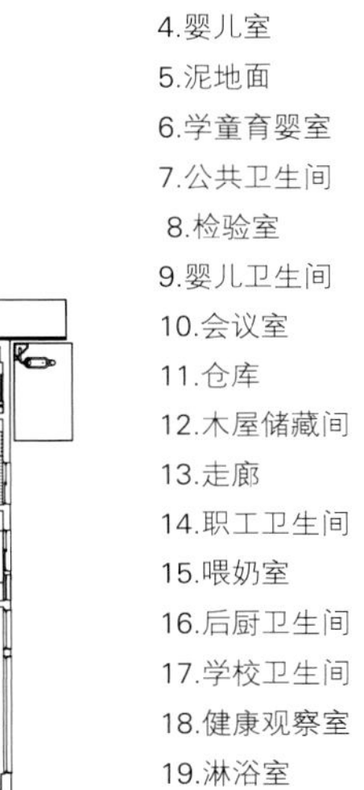

1.入口
2.办公室
3.寄存间
4.婴儿室
5.泥地面
6.学童育婴室
7.公共卫生间
8.检验室
9.婴儿卫生间
10.会议室
11.仓库
12.木屋储藏间
13.走廊
14.职工卫生间
15.喂奶室
16.后厨卫生间
17.学校卫生间
18.健康观察室
19.淋浴室

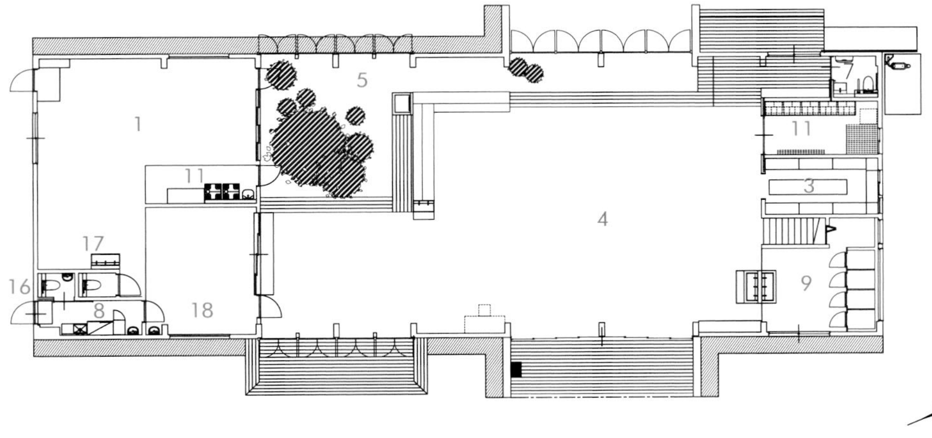

2号建筑平面图

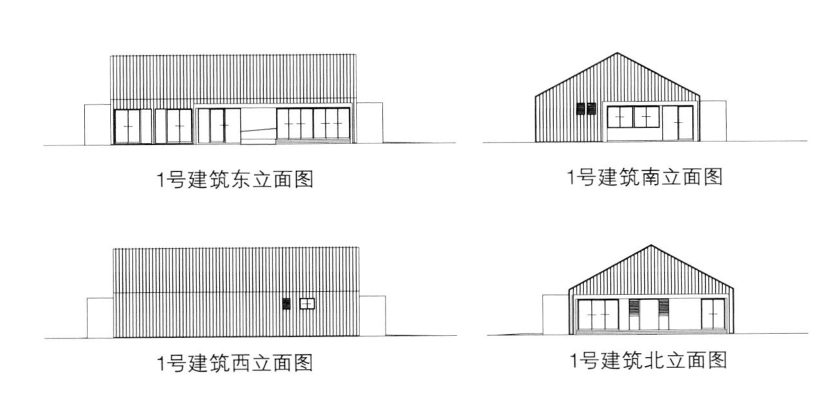

1号建筑东立面图

1号建筑南立面图

1号建筑西立面图

1号建筑北立面图

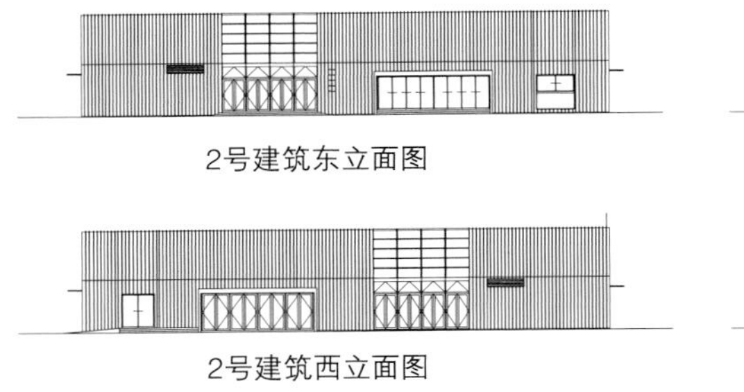

2号建筑东立面图

2号建筑西立面图

2号建筑南立面图

2号建筑北立面图

DAYCARE CENTRE SCHLAUE FÜCHSE

Schlaue Füchse 日托中心

地点：德国，柏林
面积：1 200 m^2
设计单位：Baukind
摄影：HEJM

Schlaue Füchse 日托中心位于柏林，能够容纳超过90名儿童。它所在的建筑有着典型的前东德风格，经过改造，这里变成了一个趣味十足的场所。Baukind 为其中的四个部分进行了设计，使得小家伙们能够在其中找到属于自己的乐趣。

在这里，连衣橱也不仅仅是一个用来存放衣物的地方。经过设计，孩子们都喜欢在这里聚集，躲猫猫，相互追逐。

色彩，是设计中一个重要的元素，它提供了清晰的“分组”线索。比如说门厅，红色的门厅，红色的组别，一切都十分清晰。父母们也喜欢这个地方，在这里他们可以获得片刻休息时光，和身边的人聊上几句。

经过改造，全部六个洗浴空间都呈现出松石绿与橙色的清新色调，甚至牙具和毛巾也和这个色彩搭配得十分和谐。

在每个组别中都有一个多功能的游戏平台。这些平台的设计语言是一致的，但它们色调不同，对应着不同的主题，适用于不同年龄段的儿童。

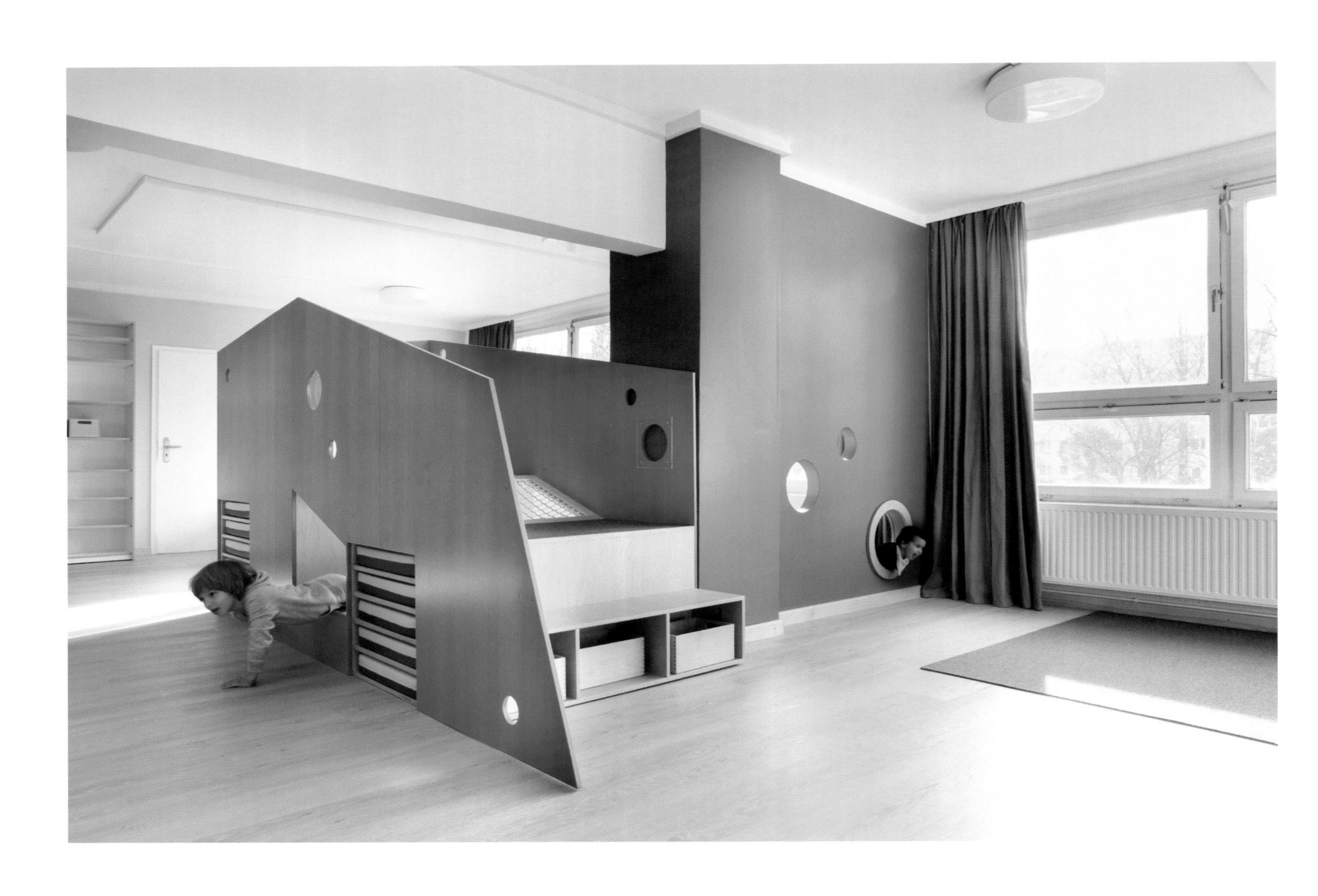

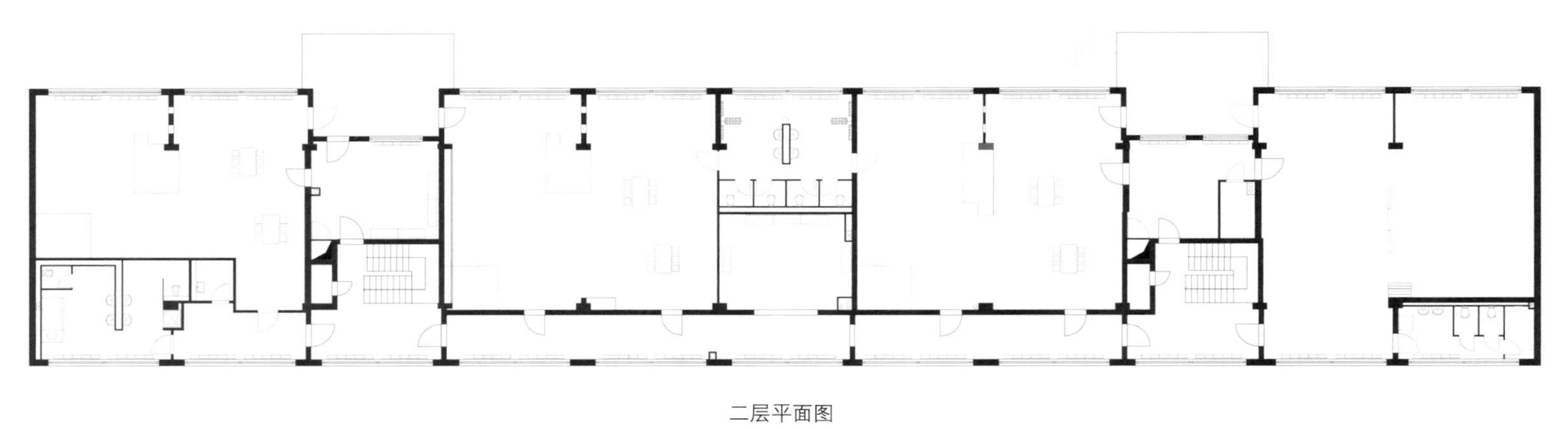

二层平面图

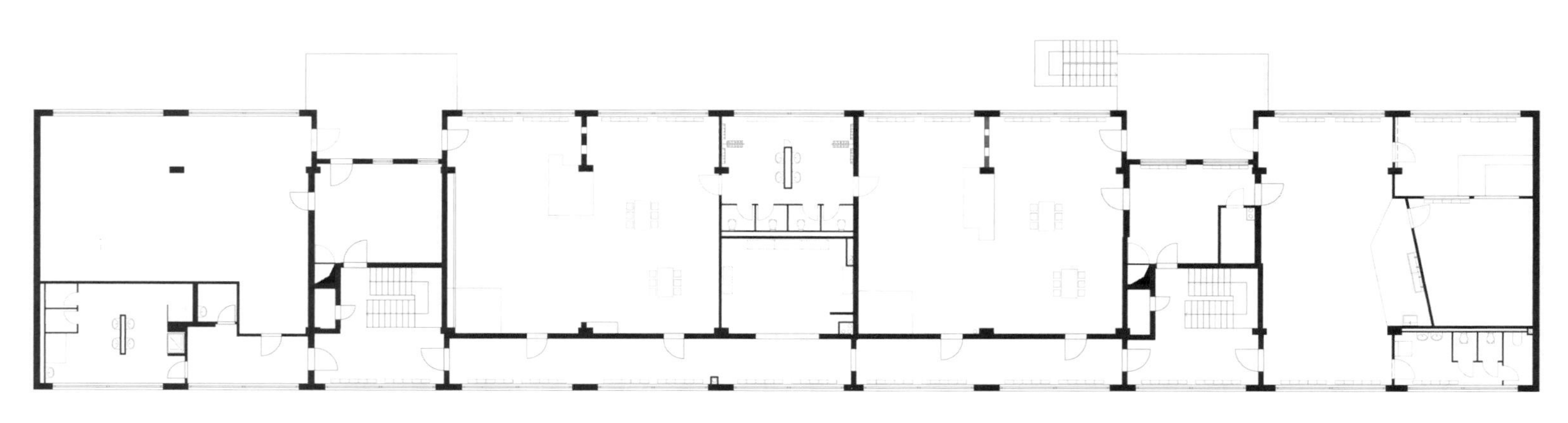

一层平面图

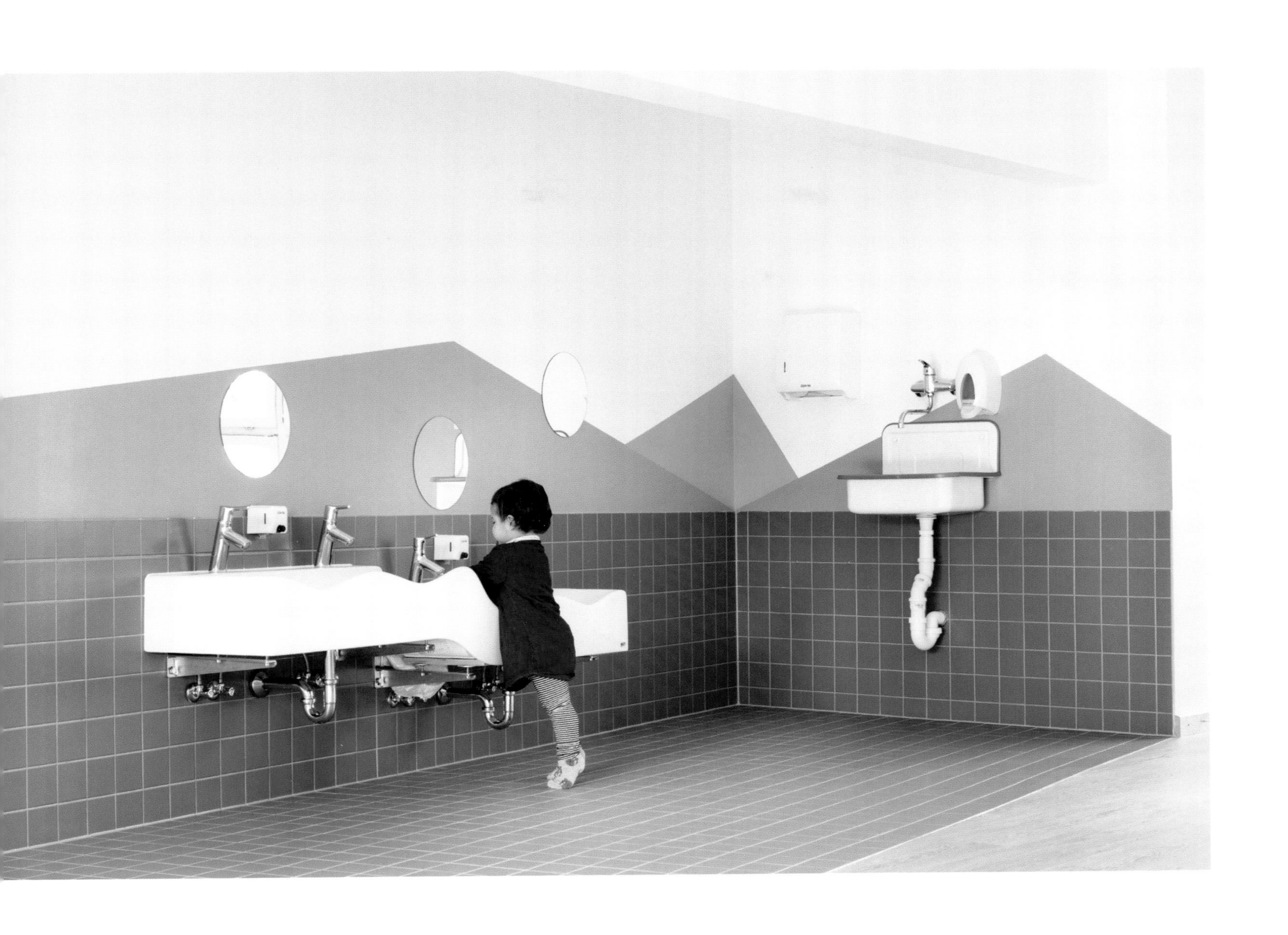

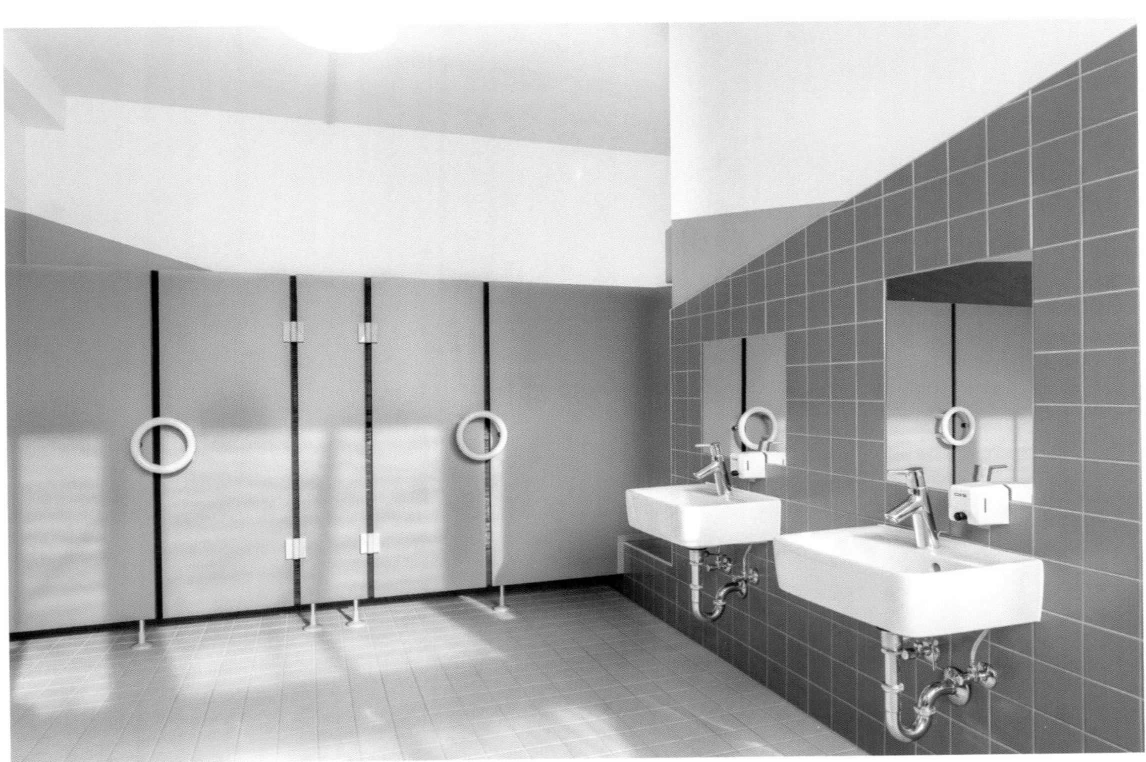

PME FAMILIENSERVICE

港口城 PME 日托中心

地点：德国，汉堡港口城（Hafencity）
面积：750 m^2
客户：PME Familienservice GmbH
设计单位：Baukind
摄影：Anne Deppe

该日托中心所处的区域是欧洲最激动人心的工程——汉堡港口城。此地不仅有河流和运河穿过，也深受港口历史文化的影响。这个特定的背景，启发设计师在室内空间中采用了航海元素。整个 750 m^2 的日托中心设计围绕着“水、港口和海洋生活”的主题展开。这里可以容纳超过 70 个孩子，让他们在充裕的空间里奔跑、探索、发现，充分感受快乐的滋味。

PME 家庭服务机构推崇 Pikler-Hengstenberg 的运动理念。因此，日托中心依托这一理念在空间设计中整合了多元化、多样化的元素，让孩子们得以在平和、愉悦的氛围中独立探索自己身边的环境。日托中心也十分鼓励孩子们以自己的方式去运动，去锻炼，去玩耍。

他们可以在洗浴间里花上一些时间来玩与水有关的游戏。设计师与马赛克艺术家、教育学者合作，共同创造了一面马赛克墙，将美育融入到日常生活之中，告诉孩子们，即使是洗浴设备，它们的意义也不仅仅是用于帮助清洁。

日托中心相信，孩子们作为探索者和研究者的能力，在得到鼓励的情况下能够得到更充分的发展。因此，日托中心创造出相应的环境，让他们对科学技术产生更强烈的好奇心和参与的意愿。比如，其中有专为孩子们进行“研究”和“建造”而准备的空间，也有配备有海洋球池的活动室、阅览室等。

为了方便孩子们在不同的功能区域、房间之间走动，设计师采用了色彩丰富的引导系统。身处其中，孩子们可以轻松地找到自己想要待的地方，这有利于他们独立做出选择。

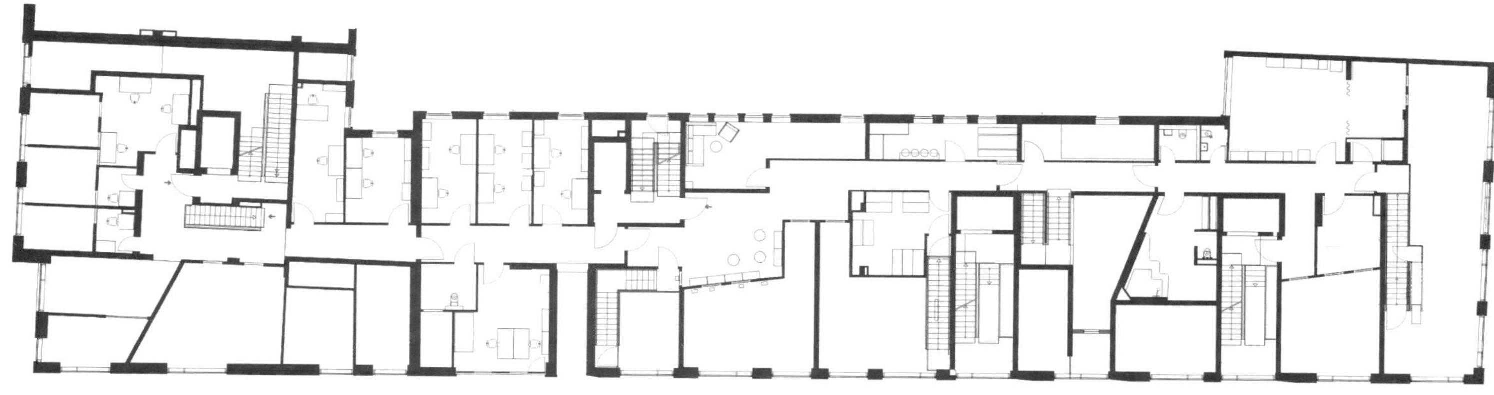

二层平面图

一层平面图

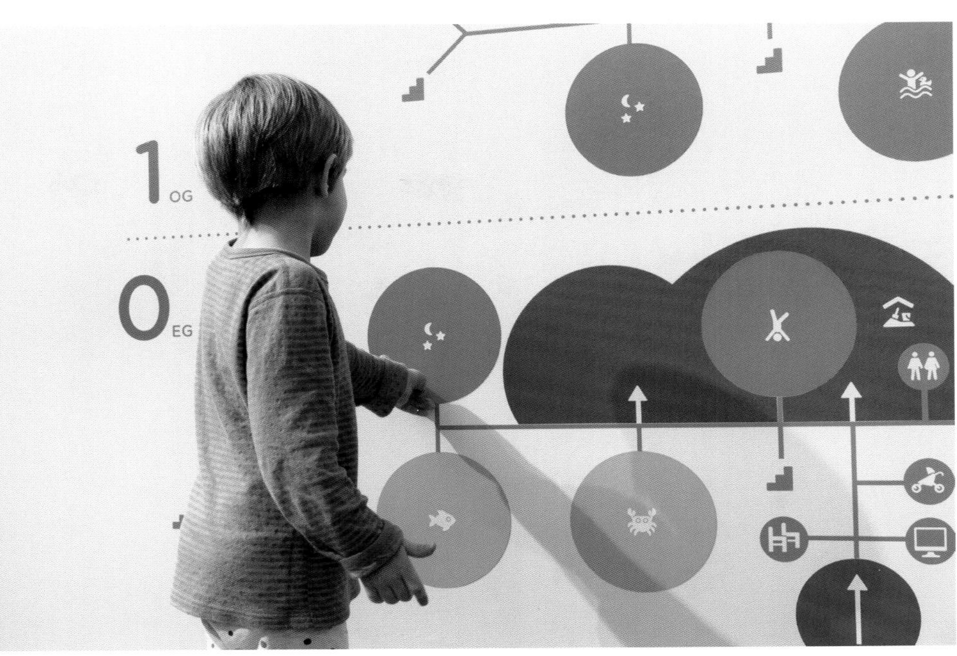
1 OG
0 EG

ZALANDO DAYCARE CENTRE

Zalando 日托中心

地点：**德国，柏林** Mediaspree
面积：650 m^2
客户：Zalando SE
设计单位：Baukind
摄影：HEJM

Mediaspree 在历史上属于柏林郊区，其兴盛源于 19 世纪中叶后快速发展的铁路和工业，一度是柏林经济发展的领头地区。因此，这个区域拥有令人印象深刻的建筑历史文化。

设计师认为，儿童应当在一个有秩序、有结构感的安全空间里成长，但他们也需要感受自然，尤其是感受自然界中的“野性”，如此才能够获得更多的考验，激发起他们真正的创造力。在 Zalando 日托中心，孩子们就能够体验从“有序城市”到“野性自然”的丰富性。

日托中心可以划分为三个区域，如果以简短的一句话来描述空间的主题，那就是“走向野性”。

区域一：都市结构。

入口区域和门廊将外部世界引入室内空间，又将两者分隔开来。在这里，户外空间和室内空间之间有一个柔和舒缓的过渡，但用于游戏的洗浴空间同样呈现着都市般的秩序感。

区域二：被驯服的自然。

到了小组活动房间，秩序与结构感被“打破”，自然以自己的方式在幼儿园中蔓延。在这个区域，自然似乎是被驯服的，是温和的，但又存在着不确定性。

区域三：创意十足的野性空间。

在幼儿园内部，设计师采用了一系列手法来营造鼓励儿童释放天性与创造力的环境——富有动感的表面、壁龛、精心的道路设计等。在这里，他们将充分感受自然野性和粗粝的一面，这有助于激发他们进行环境设计与改造的愿望。

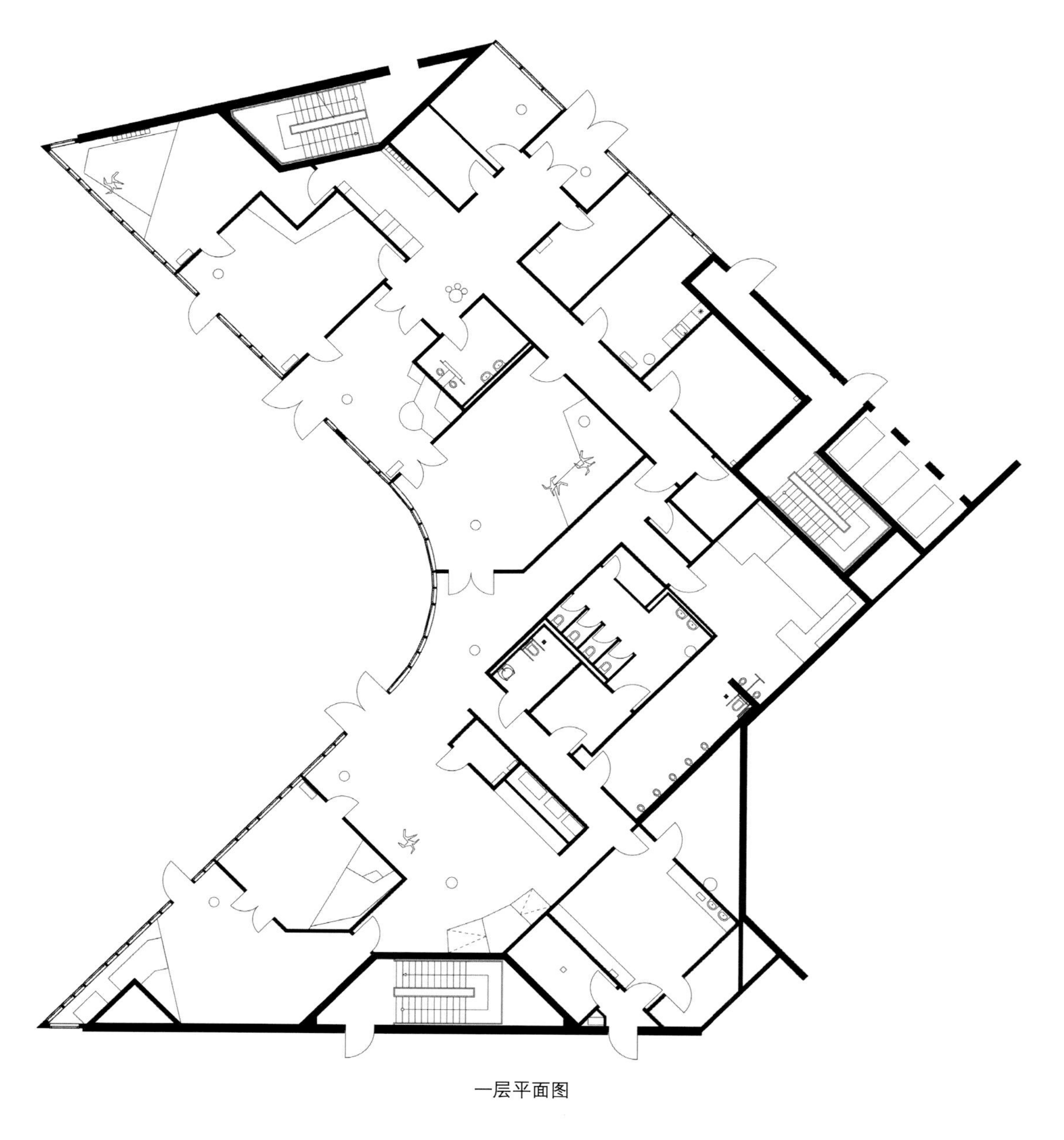

一层平面图

FRÖBEL RESEARCH AND TEACHING KINDERGARTEN

Fröbel研究与教学幼儿园

地点：德国，莱比锡
面积：1 033 m^2
客户：Fröbel Bildung und Erziehung gemeinnützige GmbH
设计单位：Baukind
摄影：HEJM

这间位于德国莱比锡的 Fröbel 研究与教学幼儿园（Research and Teaching Kindergarten）大概能够容纳 80 个孩子，这些孩子最小的只有 10 个月，最大的已经到达学龄阶段，幼儿园希望为他们提供一个充满欢笑的生活情境。

Baukind 为这些孩子设计了一个想象力十足的空间，让他们能够在玩耍中学习，且玩且沟通。作为对于室内设计的补充，Baukind 还精心地进行了墙面设计。

探索的要义，在于尝试和发现不同的事物。通过探索，儿童能够获得新的信息、发展出新的能力。因此，设计团队着意创造一个安全、和谐的环境，给予孩子们充分的保护与安全感，让他们能够自然地萌生探索的想法，根据自己所见所感在探索中满足自己的各项需求。

小小探险家们拥有充足的空间来设计和搭建属于自己的小天地。房间有多个层级，还设置了壁龛，这样孩子们就拥有了更丰富多样的“通道”和“入口”，能够更好地与环境互动。

软质的模块依照不同尺寸加以组合，于是孩子们就获得了极佳的游戏平台。它们可以是滑梯，可以是台阶，也可以是平台。它们可以骑，可以坐，也可以用于玩各类游戏。这些设施的存在让孩子们的游戏运动更为丰富，更为欢乐。

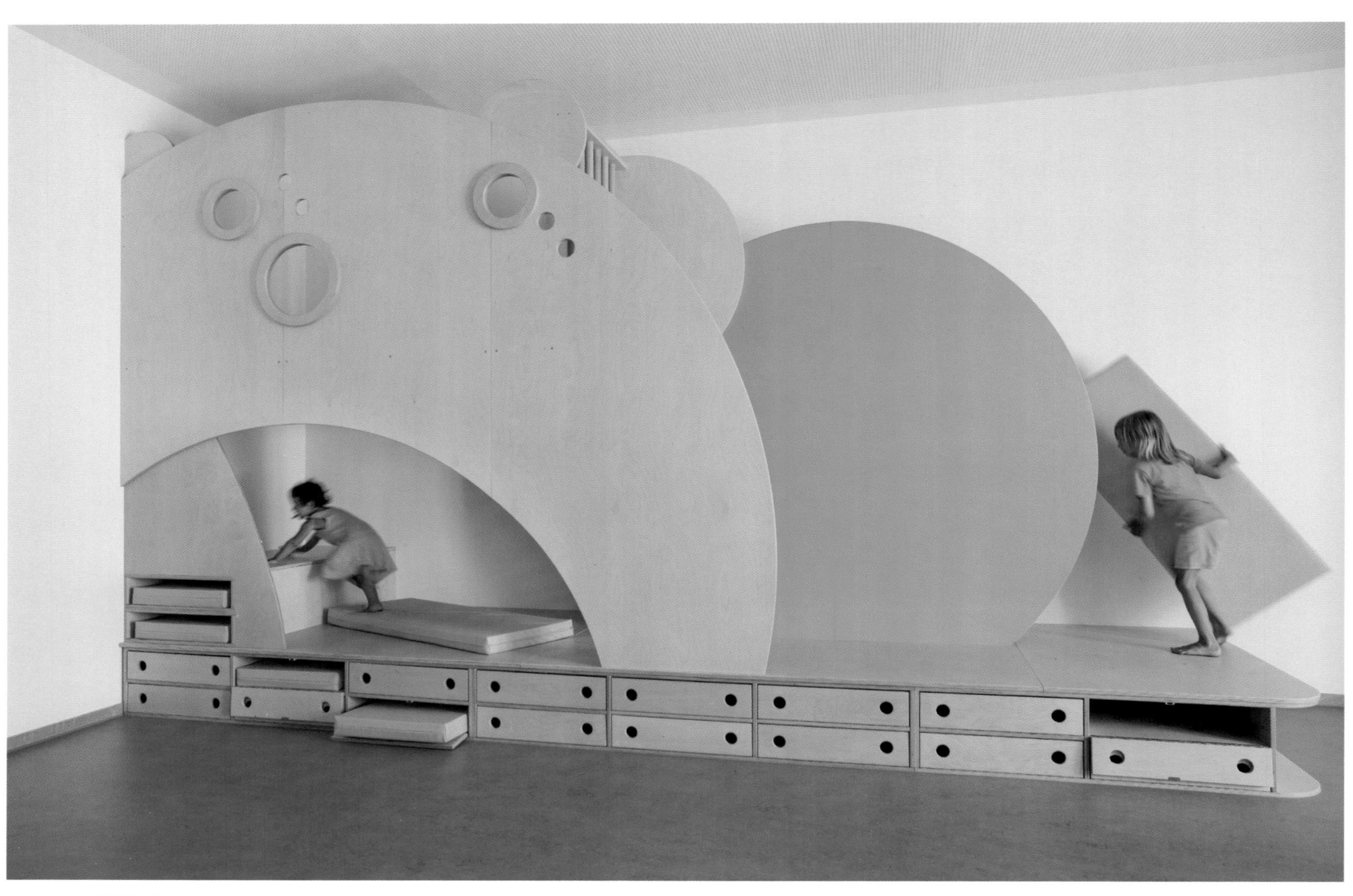

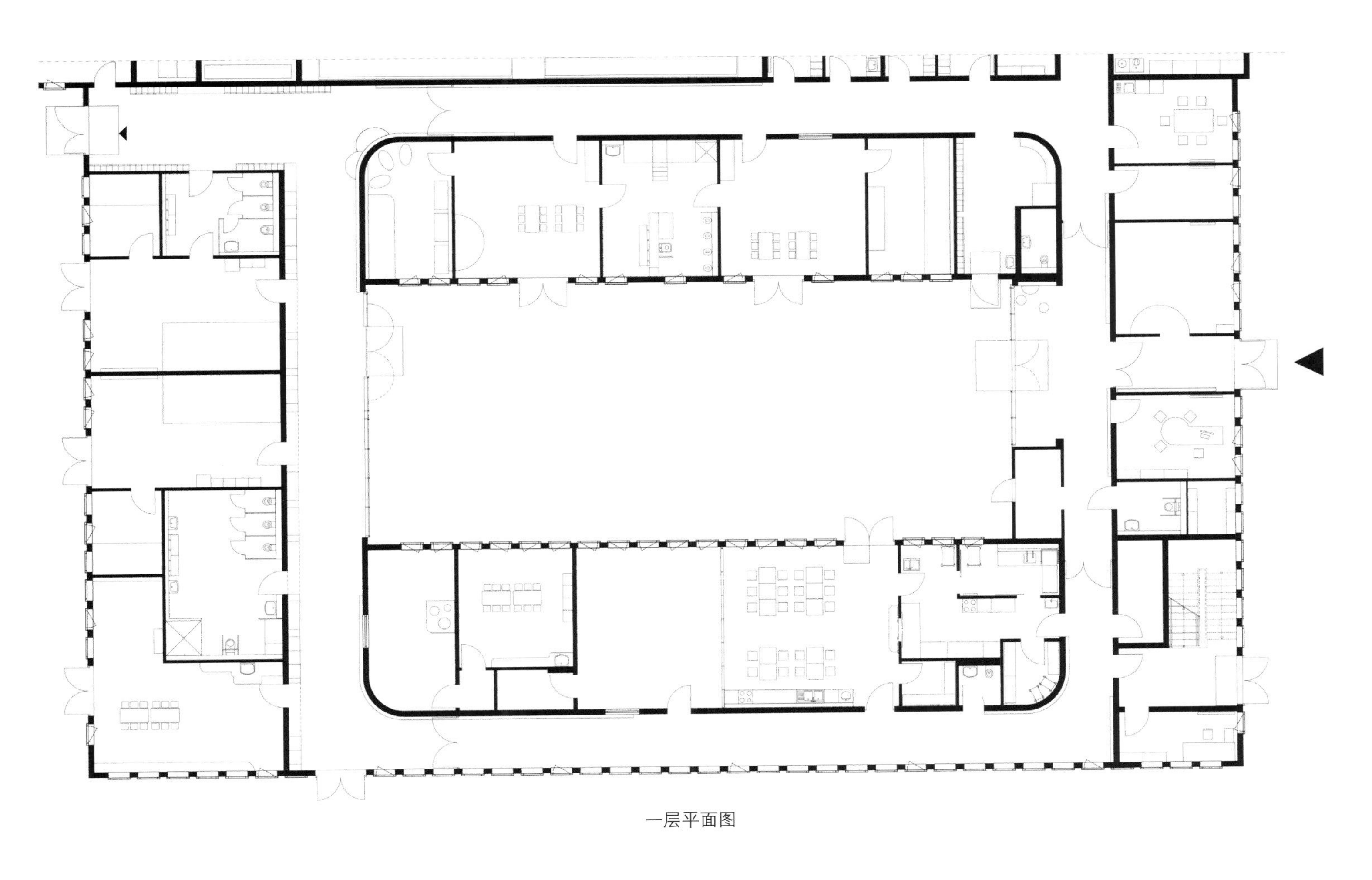

一层平面图

WEGROW SCHOOL

WeGrow 学校

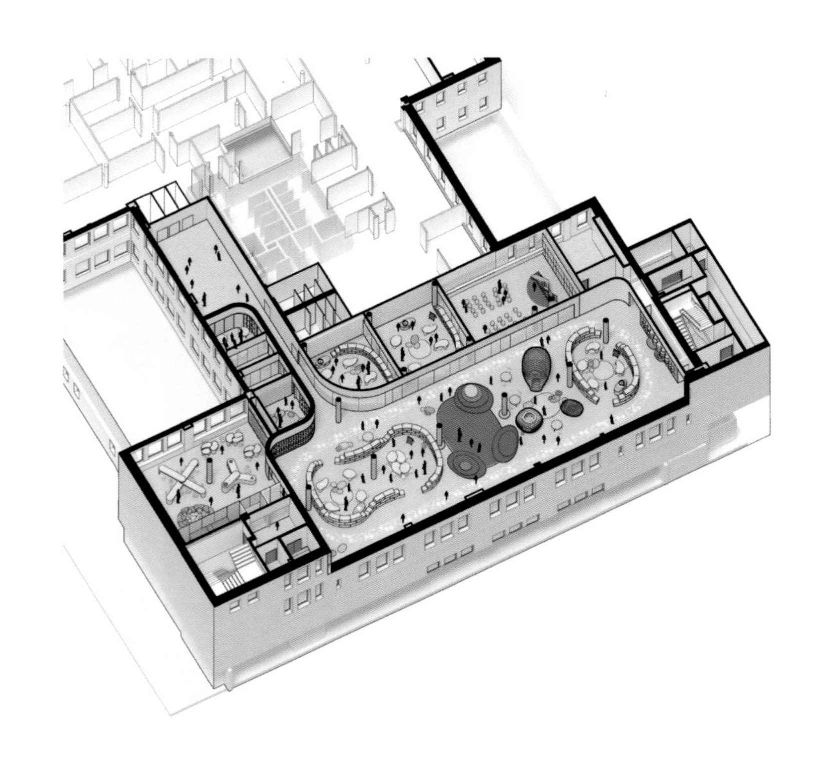

地点：美国，纽约

面积：930 m²

建筑设计：BIG（Bjarke Ingels Group）

合作者：WeWork, Environetics, Group Inc., Cosentini Associates, William Vitacco Associates Ltd., Digifabshop, Bednark Studio, Laufen, Ketra, Febrik

主管合作人：Bjarke Ingels, Daniel Sundlin, Beat Schenk

项目设计师：Otilia Pupezeanu

项目建筑师：Jeremy Babel

设计团队：Bart Ramakers, Douglass Alligood, Erik Berg Kreider, Evan Saarinen, Filip Milovanovic, Florencia Kratsman, Francesca Portesine, Il Hwan Kim, Jakob Lange, Ji Young Yoon, Kristoffer Negendahl, Josiah Poland, Mengzhu Jiang, Ryan Yang, Stephen Kwok, Terrence Chew, Tore Banke, Tracy Sodde

客户：WeGrow

BIG 公司和 WeWork 公司携手完成了纽约市第一所 WeGrow 学校，项目旨在创造互动式的教育环境，以便更好地提升儿童的修养和心智。

这座教育中心服务的对象是 3 到 9 岁的儿童。校园环境设计融入了一种新的、自主式教育方法的价值理念。正如 BIG 公司创始合伙人、创意总监、WeWork 公司首席建筑师 Bjarke Ingels 所说："我们创造了一个旨在适应和促进 WeGrow 学校变化的空间。当设计弱化了条条框框，摆脱了各种束缚，孩子们就能够从中体会到他们拥有自主意识——我们不必告诉孩子们如何使用空间，他们怎样使用空间都是好的。" WeGrow 学校的设计，使得孩子们的学习变成了一个持续变化的体验过程。一个具有多种功能的椭圆形空间，让孩子们得以自由地在其中移动，从周围的环境中学习。环境的开放性和共享性，本身就强调了合作的重要性。

具有这样特性的空间占据了学校一半以上的面积，包括 4 个教室、移动的工作室、交流空间、多媒体室、艺术工作室、音乐厅和其他游乐设施。这些空间能够有效地支持孩子们去进行充满创造性的、友好的、能量十足的探索活动。

WeGrow 公司创始人兼 CEO、WeWork 创始合伙人兼首席品牌官 Rebekah Neumann 则说："WeGrow 学校致力于提升人的协作精神。我们相信，我们都是终生的学生，生命的意义在于保持不断学习的状态。通过学校的一系列课程，学生将认识到自己的无限潜能，并持续探索如何利用这些能力来帮助他人。"

WeGrow 学校里每个家具都是 BIG 公司为提升教育环境而精心设计的：标准化的教室旨在提升孩子们的行动力与协作能力；由 Bednark 公司提供的拼图桌椅，其高度能同时满足父母和孩子对尺寸的要求并提供恰到好处的视角；垂直花园铺装的瓷砖来自瑞士的 Laufen 公司，花园里种植着薰衣草和巧克力薄荷等。

学校内部所采用的大部分隔板都是和孩子一样高的架子。设计师尤其注意让自然光深入建筑内部。针对不同年龄段的孩子，设计师设置了三种不同高度的架子，通过架子的曲线造型营造出舒适安全的活动空间，同时可以使老师能够时刻关注到在各个区域活动的孩子们。天花板上有多种图案交织的毛毡消声装置，这些形状如手印、珊瑚、景观、月亮等，都很有趣味。同时，天花板上的 Ketra 灯泡在一天中不同时间段里会变化出不同的色调和明暗度。

为了让孩子们可以更专注地学习，设计师借用了许多自然元素：蘑菇架子、鹅卵石草地、蜂巢式的图书馆，形成了有机的学习环境。这就是 WeGrow 学校，一个有趣的、可变的、像家一样温馨的校园。

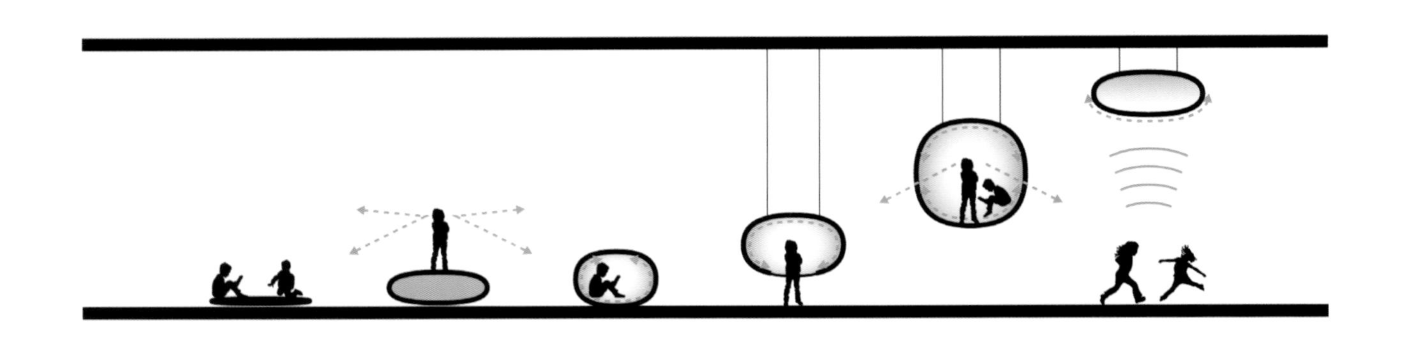

WINDSOR BILINGUAL KINDERGARTEN

温莎双语幼儿园

地点：广东，深圳
面积：2 200 m^2
主设计师：梁宁森、吴岫微
设计单位：MOC DESIGN OFFICE
摄影：张超

深圳温莎双语幼儿园是知名的德威英国国际学校的姊妹学校，也是中国目前唯一引入并全面执行英国早期教育体系（EYFS）的幼儿园。

幼儿园位于深圳前海壹方中心相对僻静的街区内。由于场地户外面积有限，因此如何在现有条件下实现园方整体的功能需求，就成了设计重点。设计师深知，孩子们需要通过对各种事物的接触（观察、游戏等）来锻炼自己的感知力、表达能力和解决问题的能力，因此，设计师将目标确定为以孩子为中心，创造一个启发性的，让孩子能够与自然接触、自由穿行和游戏并进行探索和塑造的空间。

入口大厅是每个孩子进入建筑的必经之地，因此它应该是有趣的、令人兴奋的。设计师将沙池放在靠窗的位置，让孩子们能够沐浴在阳光中玩沙子。3 至 6 岁的学龄前孩子往往会将观察到的事物简化成单一简明的符号，以此去认知环境和事物，所以设计师选择了简洁的房屋造型来贯穿整个空间。同时，又有意较为克制地使用色彩和图形，不过分地依赖色彩和卡通图案来激发儿童的兴趣。

玻璃幕墙的一侧被规划为公共活动区，定制安装有结合滑梯、攀爬、摇荡等功能的活动器械，以作为户外活动场地的补充，让孩子们能够充分地在游戏中感受速度、节奏、平衡和空间。

为了在有限的范围里增加儿童的活动空间，设计师基于儿童尺度设计了错层的空间结构，构建起一个专属孩子的空间。

这样的错层出现在教室中，形成抬高的平台，在丰富空间层次的同时也有效增加了孩子们的运动量。教室内还设置有独立的小房子，其楼梯下方设计成可供儿童钻、爬的小空间。在实际使用中，孩子们十分喜欢这样的空间形式。

室内还规划有剧场、绘本馆等多个功能空间，鼓励孩子们通过戏剧、阅读、手工活动来进行自行探索，从而满足不同年龄孩子的多样化需求。

在城市高速发展的过程中，与日俱增的商业购物中心和住宅楼正逐步挤压公共空间，许多幼儿园都无法获得足够大的场地来营建低密度的独立建筑。本案例成功地在高密度住宅与购物中心中开辟出属于自己的一方小天地，使之成为一个充满活力的教育空间。

SAND POOL
Play is indeed the child's work and the means
whereby he grows and develops
Ola!

hello!

We will try our best
We learn through everything

We enjoy learning through play
We are all important

1.户外活动场地
2.入口大厅
3.沙池
4.儿童照顾室
5.设备间
6.园长室
7.公共活动场地
8.教室
9.剧场及舞蹈教室
10.预备室
11.亲子餐厅
12.食品储存室
13.成人卫生间
14.厨房
15.绘本馆

总平面图

REX

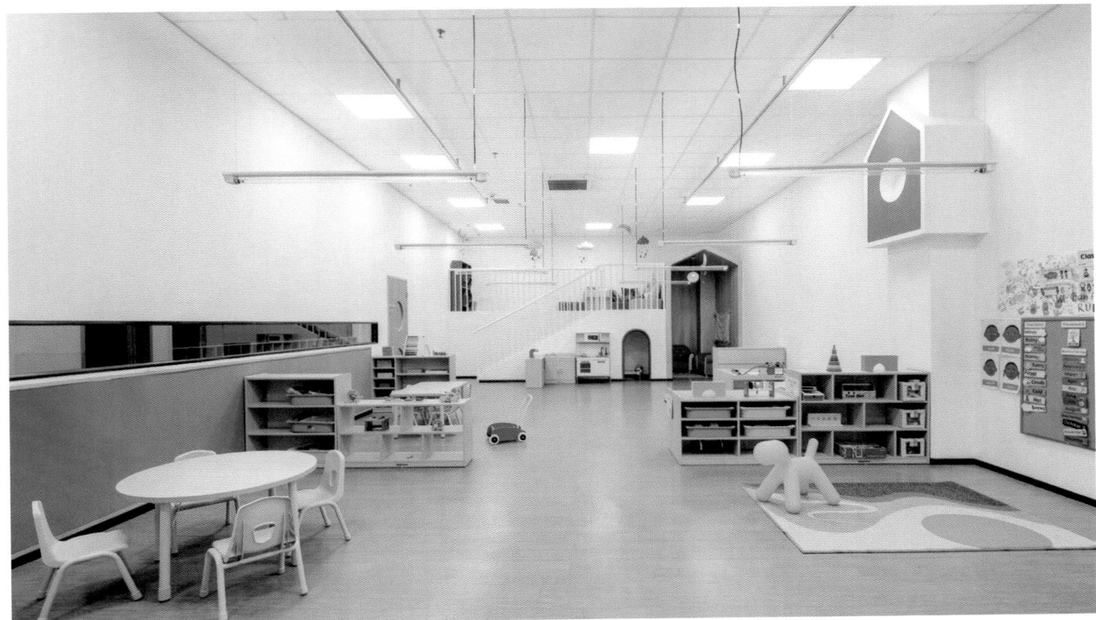

Together we can do anything.

CLOVER HOUSE KINDERGARTEN

四叶草幼儿园

地点：日本，冈崎
用地面积：283 m²
有效楼层面积：300 m²
客户：Kentaro Nara, Tamaki Nara
建筑师：MAD architects
首席建筑师：马岩松、Yosuke Hayano、党群
施工方：Kira Construction Inc.
结构工程师：Takuo Nagai
摄影：Fuji Koji

MAD 建筑事务所完成了其在日本设计的第一个项目，四叶草幼儿园。该项目位于日本冈崎的一座小镇上，孩子们在幼儿园内可看见稻田和山丘的美景，这也是当地的特色。

这座幼儿园是由 Kentaro Nara 和 Tamaki Nara 兄妹的老房子改造而成的。建成不久，这座老房子就因为太小而无法满足扩招的需求。因此，这对兄妹希望建造一座现代化的教育设施，使孩子们在这里能感觉到如家般的舒适，在一处良好的环境中成长和学习。

MAD 建筑事务所接受了委托，将业主的老式二层住宅改造为一座新的教育设施。改造过程从对现有的 105 m² 的住宅的调查开始。这座木结构住宅和周围的住宅一样，是一座标准的预制建筑。为了将施工成本降至最低，MAD 建筑事务所决定回收原有的木结构，并将其融入新设计中。原有的木结构被应用在主要的教学区，使之成为四叶草幼儿园历史的象征与回忆。其半透明的封闭空间可用于举办不同的教学活动。窗户的外形各不相同，非常易于孩子们识别，阳光透过窗户洒进室内，创造了不断变化的阴影区，由此激发孩子们的好奇心，鼓励他们发挥想象力。

这座新幼儿园的表皮和结构将原有的木结构包裹起来，如同一件外衣，将建筑的骨架覆盖，在新、旧结构之间创造了一处模糊的空间。四叶草幼儿园的设计起点是其富有标志性的斜屋顶。改造中使用的构件营造了动态的室内空间，使业主回想起建筑的过往。建筑的形式使人们想起了魔幻的山洞或者可弹跳的城堡。与原有的生产线式排列的住宅相比，新建的立体式木结构展现出一座具有更加有机的动态造型的幼儿园。立面和屋顶使用了常见的柔软的屋面材料如沥青屋面板来进行防水，同时这种材料还将结构包裹起来，如同纸质的外壳一般。

为了增添趣味性，幼儿园内设有一条滑梯，从二层向下通至建筑前方的室外游乐场和开放的庭院。

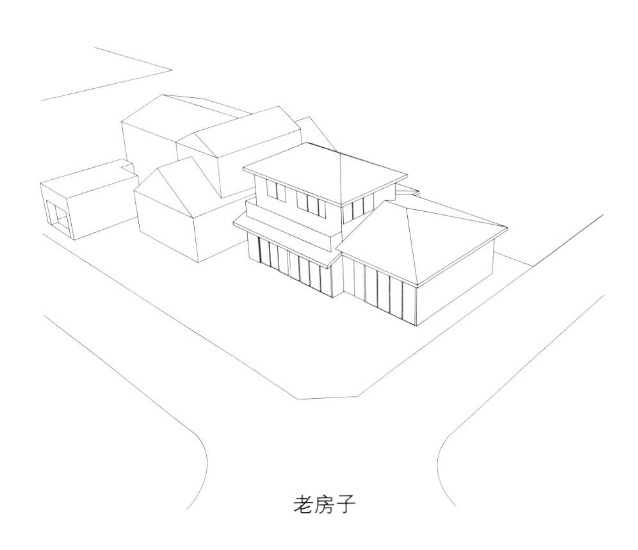

老房子

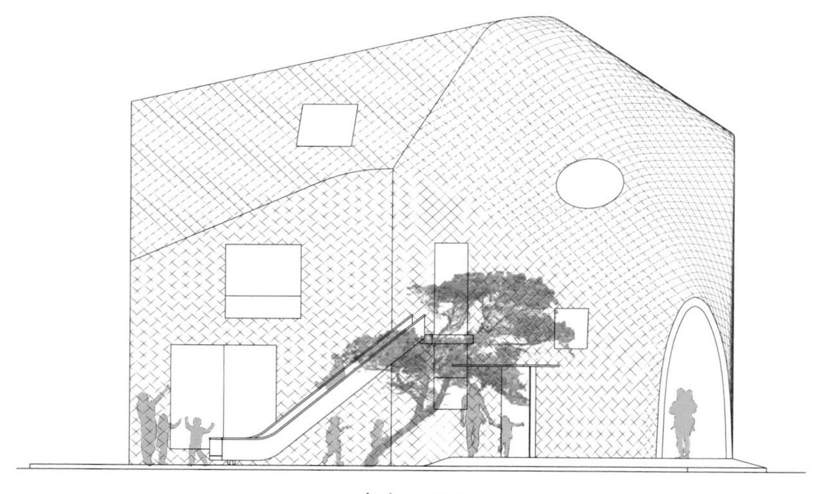

东南立面图

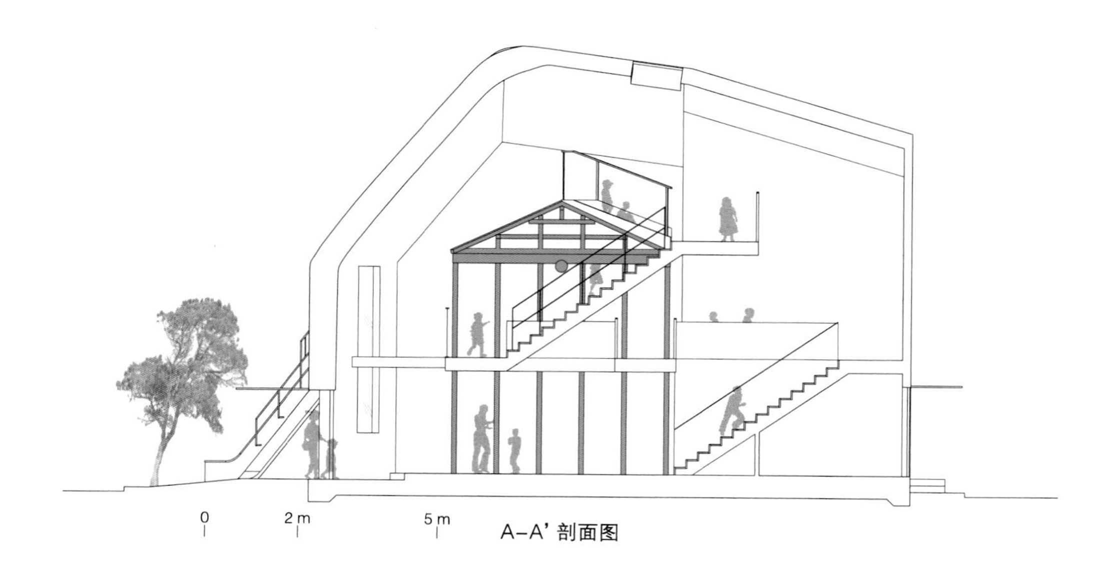

A-A' 剖面图

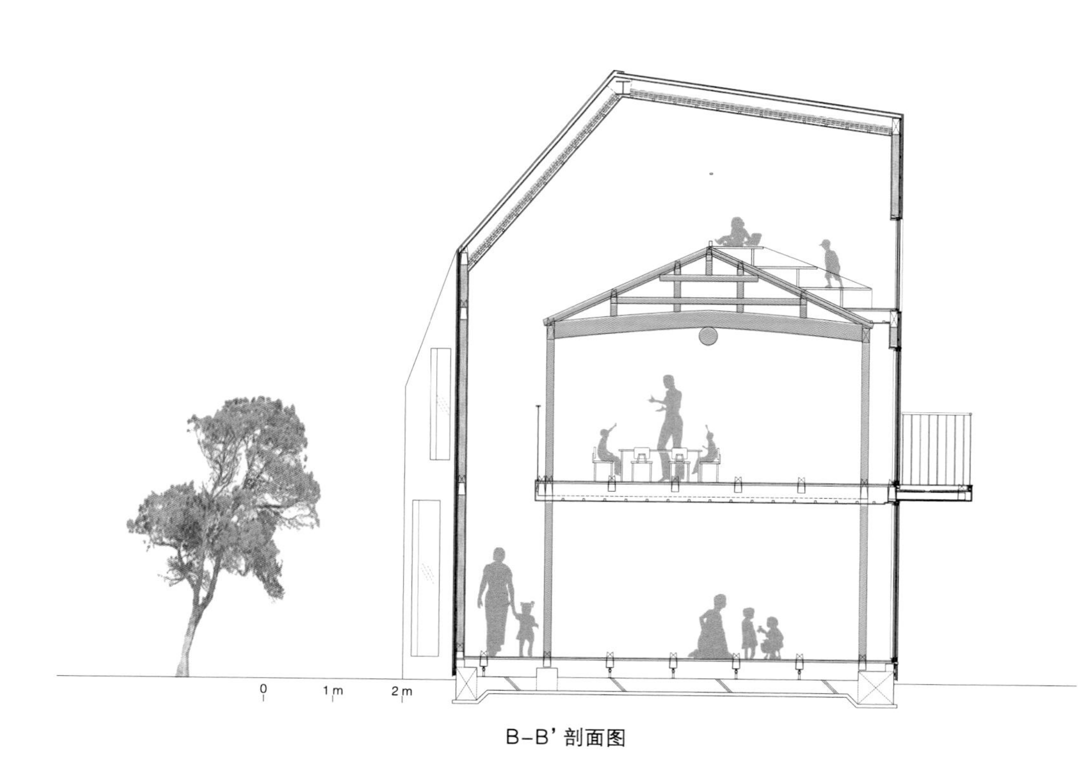

B-B' 剖面图

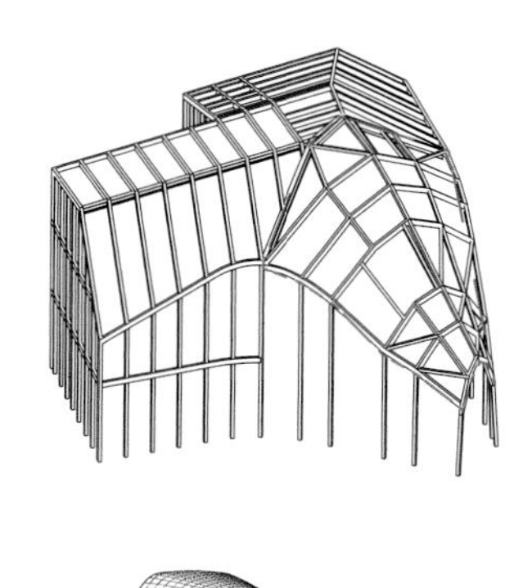

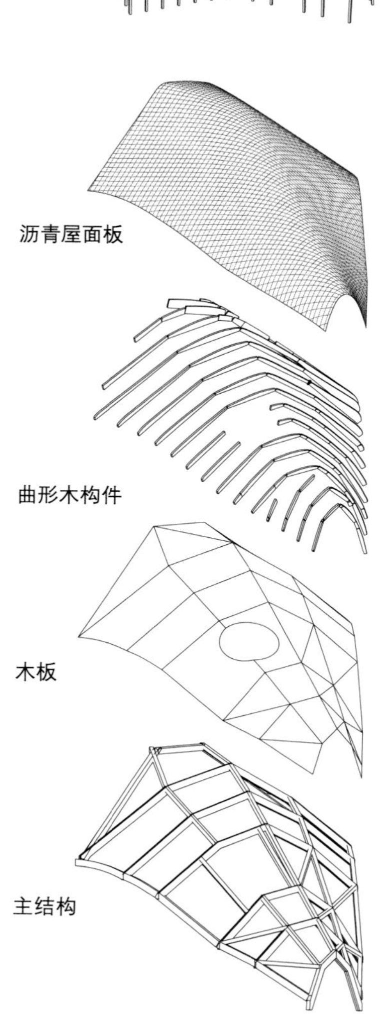

細井医院
ここ入る

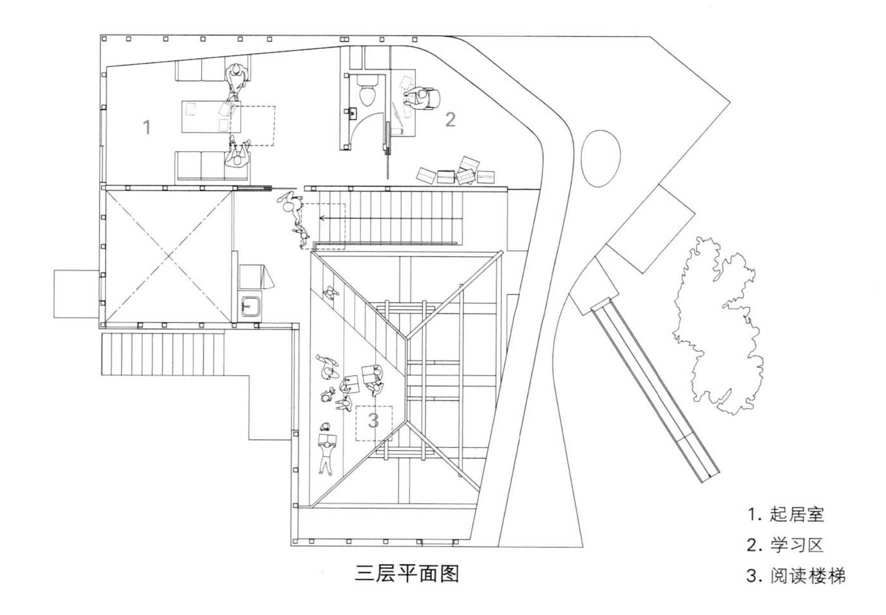

三层平面图

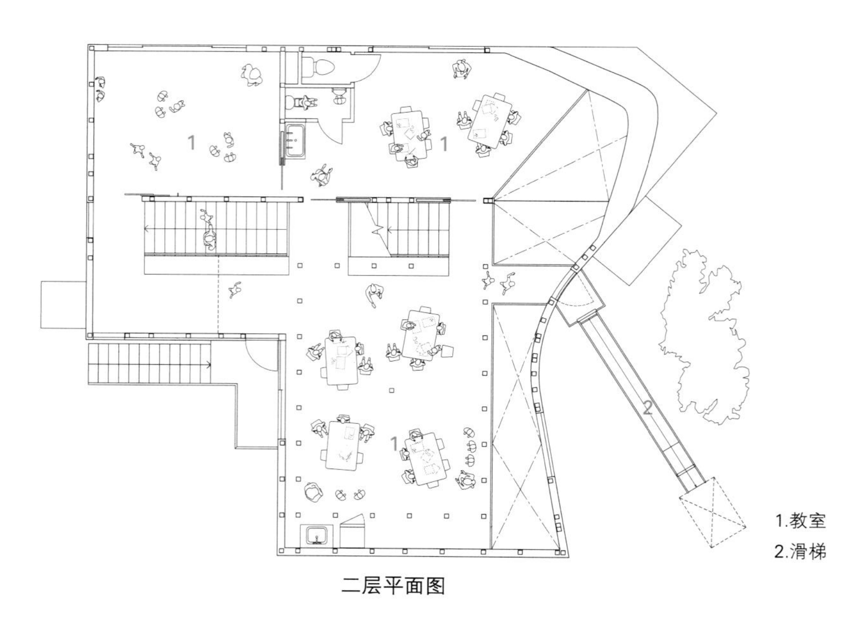

二层平面图

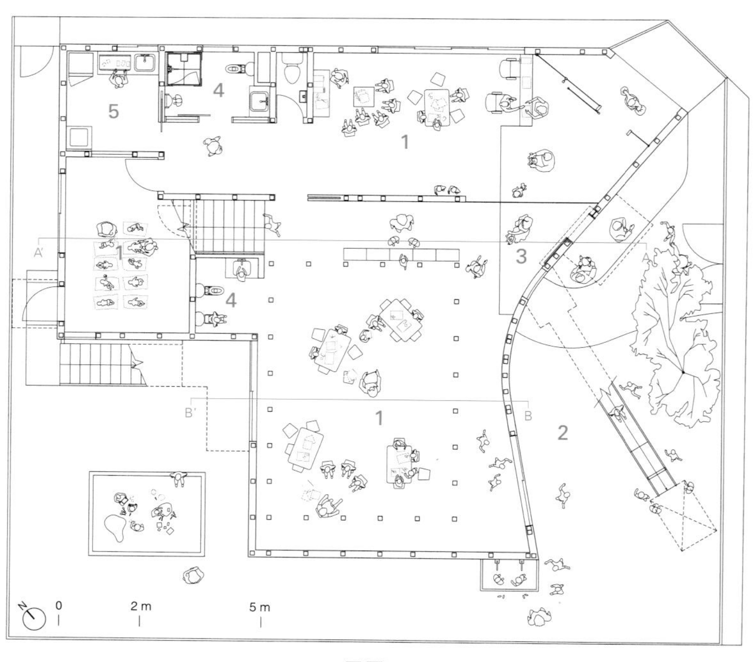

一层平面图

AN EARLY EDUCATION CENTRE BESIDE HORSE FARM

马场旁的早教中心

地点：上海
面积：560 m²
主设计师：刘津瑞、冯琼、郭岚
项目经理：郭岚
设计师：张速、张淏晟、张恩东、焦昕宇、张潆镱、郭乾
设计单位：立木设计研究室
摄影：杨鹏程

上海外环边上，有一座集幼托、婚庆、养老、动物园、马术中心为一体的私人庄园，立木设计研究室受邀在这里对一座早教中心进行改造。

改造前的早教中心使用空间和交通空间是脱节的，部分走道甚至没有采光，形式单调，尺度失衡，尽管拥有窗外跑马场的美好景色，空间体验仍然欠佳。于是，设计工作从改造两条消极的走道和一个空旷的大厅开始。

相比教室内的教学空间，教室外的走道因其良好的视野和公共属性，更适合作为释放儿童探索天性的舞台，所以设计师首先对调了二层的教室和走道，消灭了无采光的消极空间。

接着，在深入研究儿童成长过程中蹲、爬、坐、卧、跳等行为特点后，设计师对走道和教室之间的隔断进行加厚，使其变成集合了采光、亲子活动、儿童游戏、教具储藏等功能的场所。

完成“对调”和“加厚”两步操作后，走道一侧的落地玻璃窗既引入了室外的风景，又将走道变为了舞台。 考虑到早教中心学员的年龄，设计师在走道墙体顶部和底部设置了圆弧形的窗口，保证室内外视线互不干扰。

空旷的大厅是改造的重点区域，增强空间流动感和趣味性是整个改造的核心。

设计师在大厅中央设置了一座环形阅读树屋作为老师和孩子们的专属天地，而树屋下自然形成的小舞台则承担了公共活动的功能；改造前棱角分明的柱子被打磨成树干形状，三根柱子限定出的环绕式动线彻底激活了原本空旷的大厅；以圆形为主题的软包垫、镜面不锈钢板在大厅内自由穿梭，与不远处的海洋球池和攀岩墙相映成趣。连等候区也融入了观演和游戏的体验。

整个空间体验的高潮出现在大厅，尤其是蔚蓝色波浪形状的“天空”。设计师用数字化技术模拟重力找形，由此产生了由90根长短不一的绸带组成的天花。浪漫柔软的线条，将阳光切割出粼粼波光。

天空、海洋、阳光、大地、树林、城堡，众多充满自然气息的元素，令人惊喜不断。

原先单调的教室被彻底改造。因为探索墙已经解决了储物需求，所以教室内的空间更显充裕。设计以一条蓝色的弧线在墙面勾勒出波浪的影子，配上屋顶北斗七星形状的灯具，让每个教室里都集齐了星辰、大海。

透过大大的落地玻璃窗，年龄较小的幼童能够看到那些更大的孩子们在马场上的矫健身姿。也许从这里开始，他们会逐渐成长为真正的骑士。

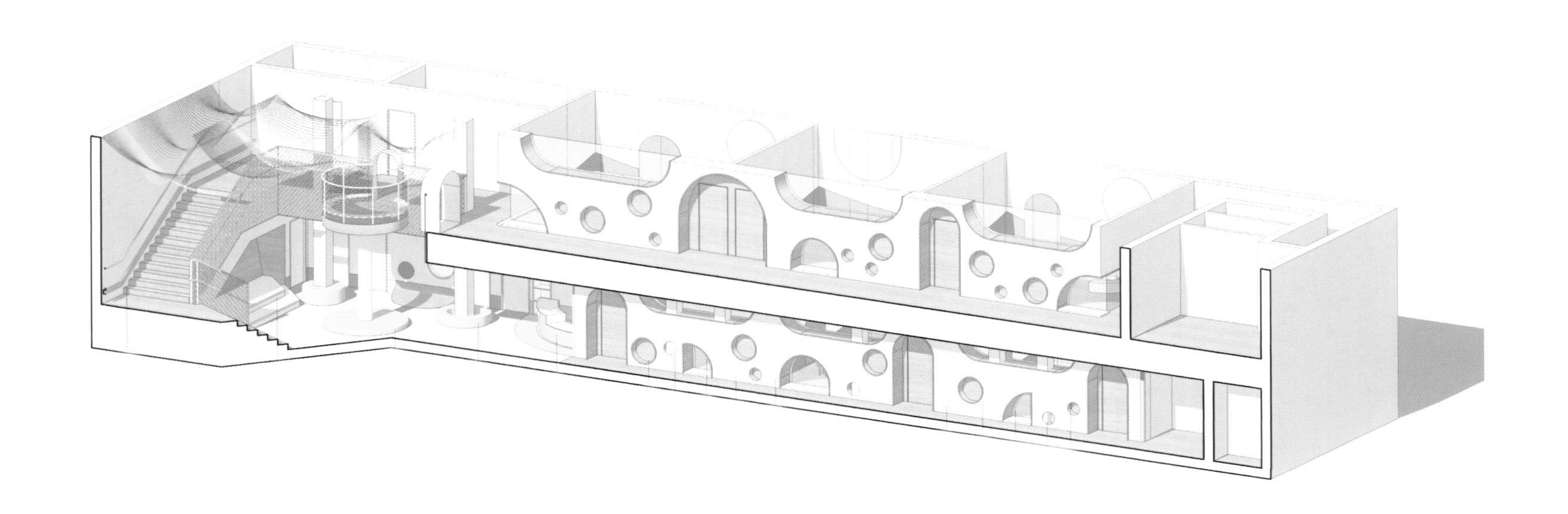

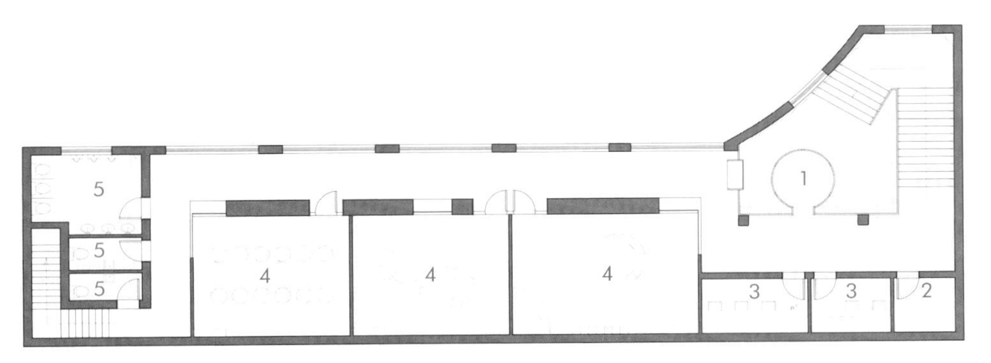

1.阅读树屋
2.储存间
3.办公区
4.教室
5.卫生间

二层平面图

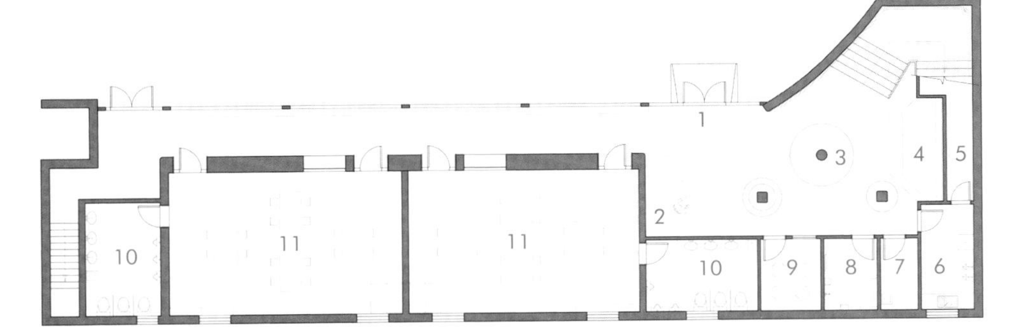

1.主入口
2. 前台
3.小储存间
4.海洋球池
5.储物间
6.厨房
7.清洗室
8.婴儿室
9.会议室
10.卫生间
11.教室

一层平面图

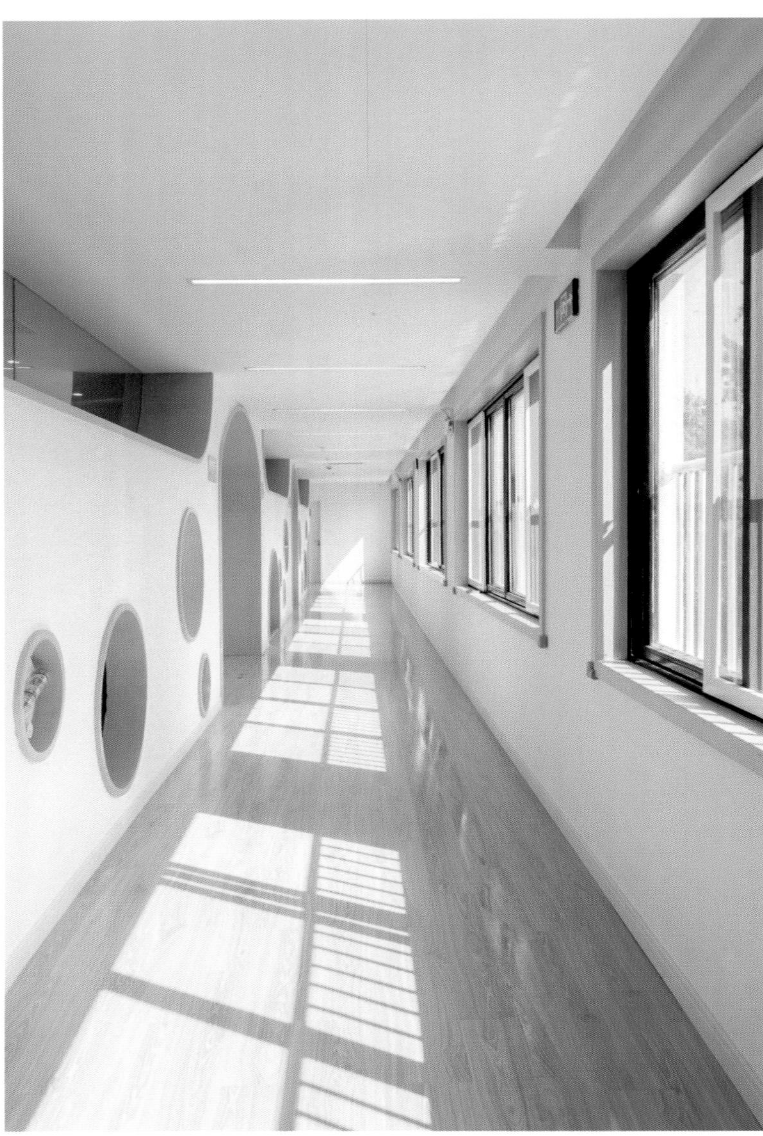

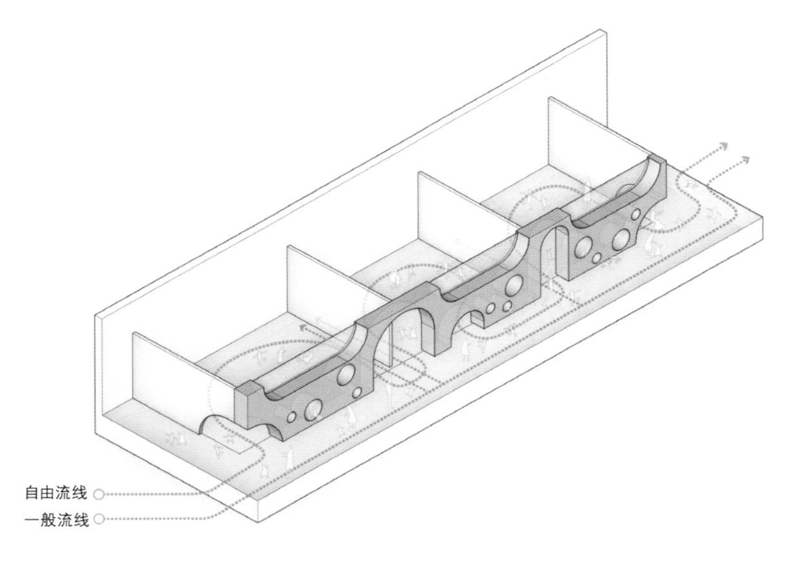

自由流线
一般流线

FEIYU BABY
鲱魚宝宝

LHM KINDERGARTEN

LHM 幼儿园

地点：日本，东京
设计单位：Moriyuki Ochiai Architects
摄影：Atsushi Ishida

设计师创造了一个有趣的、令人兴奋的环境来匹配幼儿园的教育理念——鼓励孩子思考并学习独立行动。

借由面对花园的玻璃窗，外部的景色被引入室内，孩子们可以充分地感受季节的变化。

得益于设计师在与湖泊、丘陵和山坡相关的景观设计方面的丰富经验，他们聪明地在幼儿园里营造出了自然化的环境：仿效小山设计的舞台、表征山脉的家具……墙壁上的渐变色有如调色板，唤起人们对于自然风光的感知力与想象力。

在湖泊教室中，天花板上的“湖泊”通过镜子创建了一个随自然光线而变化的空间。早上或晚上，晴天或阴天，因时而新，因季节而变。同时，反射图像又增加了空间的活力，为孩子们的日常活动增添了更多惊喜和趣味。

在丘陵、山脉空间，“绿色丘陵”可以用来举办各种活动，让孩子们能够席地而坐，听一场音乐会，看一场舞台剧，或看一场展览。孩子们可以在红色小山、蓝色小山和橙色小山上坐坐，也可以在上面攀爬，或者像爬山一样爬过，或者在那里玩捉迷藏，甚至钻到里面享受自己的私人空间，享受阅读的时光。

游乐建筑的结构如小山一般，提供丰富的空间体验，结合瀑布图案，格外活泼，充满生机。沐浴在色彩之中，每个孩子都可以找到自己喜爱的部分。

设计师相信，在自然元素中汲取灵感以创造各种各样的空间景观来进行空间配置，便可创建出一座充满活力的幼儿园，为孩子们提供数不尽的机会，去激发他们的创造力，并最大限度地挖掘他们各方面的能力。

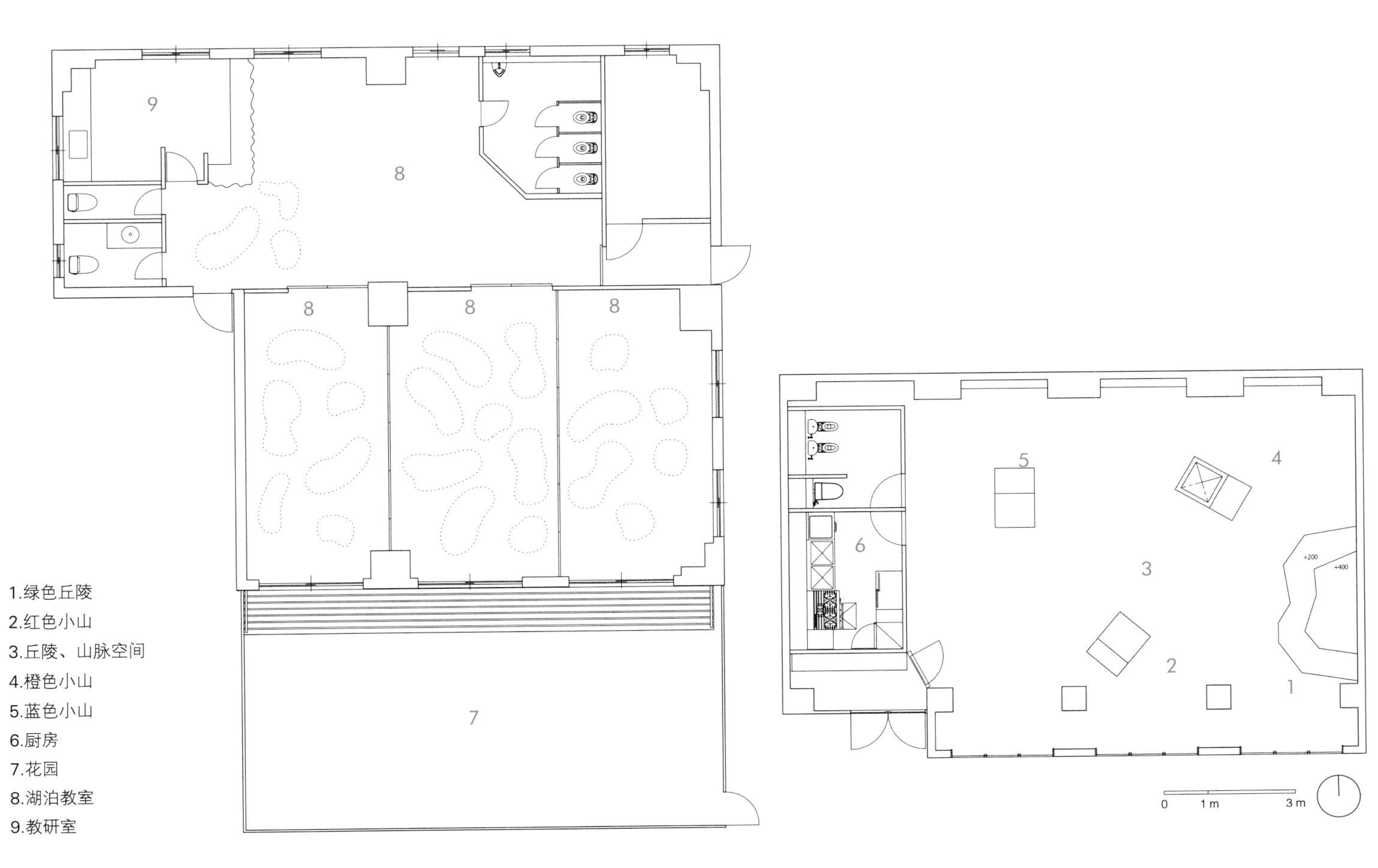

总平面图

ANGLO COLOMBIANO SCHOOL

Anglo Colombiano 学校

地点：美国，哥伦比亚
面积 :1 200 m^2
设计单位：AEI
摄影 :Juan Fernando Castro

在一座由 Daniel Bonilla 建筑事务所设计的大楼里，AEI 完成了一处学校的设计。项目设计基于“在实践中学习”这个理念而展开，采用丰富的色彩、几何图形和自然元素。学校采用了大量新颖的教学模型，以鼓励学生独立探索、创意思考。与之相适应，设计师通过设计创造规整、舒适的区域，以及可用于学习和游戏的动态空间。比如，将蓝、绿、黄和红色应用到不同的空间来标示不同的功能区域。部分墙面上“填充”了坐垫，让孩子们能够自己取用，或作为坐具，或用来玩搭建游戏。这样的设计手法，能够充分激励学生的探索与创造行为。

“我们为了寻求创新设计，专门观察了学生使用图书馆的方式，以进一步了解新时代学生的需求以及他们和空间互动的方式，”项目的管理负责人 Martagallo 说，“这个项目启发我们——设计师完全可以用独特的方式来理解甲方的需求，即全心全意地投入到项目设计的每一个细节中，这往往能够带来好的结果。”

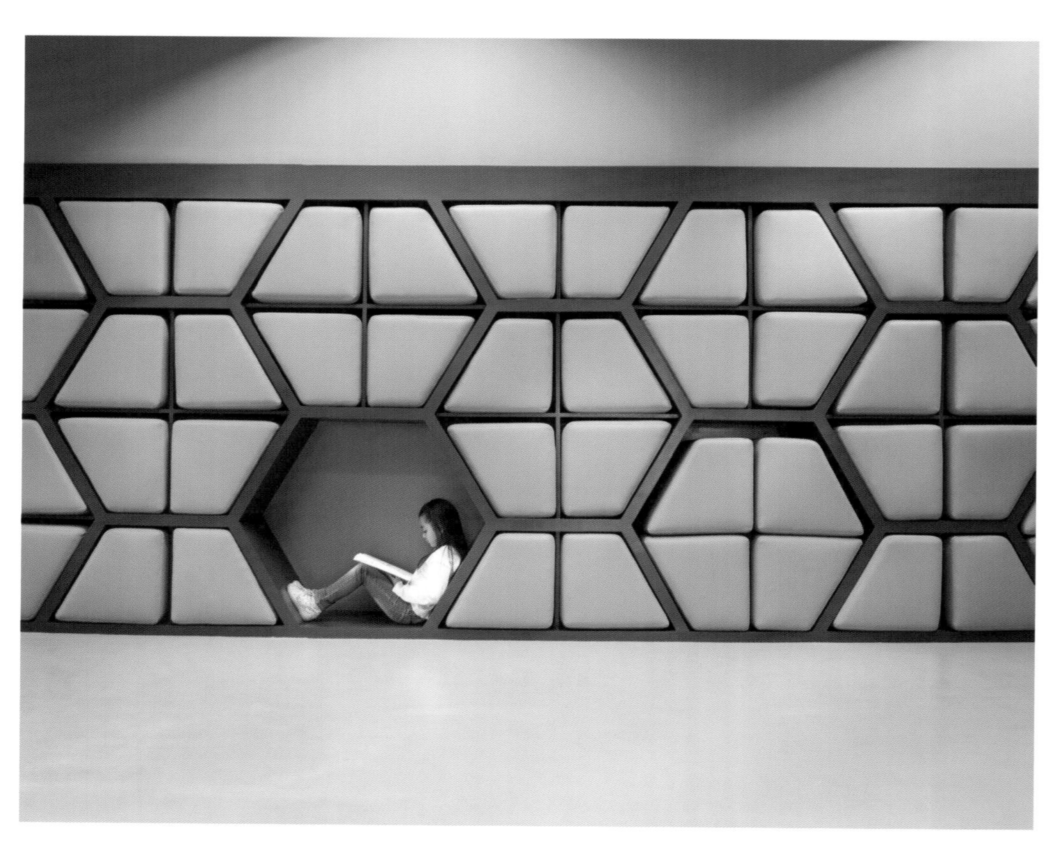

Countries

CHILDREN'S LIBRARY IN BILLUND

比隆儿童图书馆

地点：丹麦，比隆
设计单位：Rosan Bosch Studio
摄影：Kim Wendt

小镇比隆，是乐高公司的总部所在地。“玩耍”，是这间儿童图书馆的核心语汇。设计师采用明亮的、充满想象力的装置，将游戏、学习、幻想、身体运动等内容融合在一起，为全年龄段的使用者创造出一个令人兴奋的场所。

图书馆内部设置了一个蜿蜒曲折的景观，在那里访客可以尽情地探索充满乐趣与想象力的设施。建造区为人们提供了进行搭建游戏的场地。升起的稻浪，灰色的岛屿，巨大的水母，让访客们得以通过新颖有趣的方式来使用图书馆的丰富馆藏与活动资源——图书、音乐、电影等。设计实现了图书馆的愿景，那就是成为一个鼓励使用者发展自身创意能力的行为空间，同时也作为一个能集聚起人们、能够带来积极影响的市民服务中心。

总体而言，这个充满创造力的室内空间提供了一个整体性的学习环境，其中有充满乐趣的游戏空间、为各年龄团体而设的演艺体验空间、世界性的儿童教育空间。有别于传统的图书馆室内陈设，设计师采用了充满想象力的书架系列，让孩子们不自觉地爱上学习，享受游戏，使得他们和成年人同样能够全身心地投入到对“空间景观”的探索中。

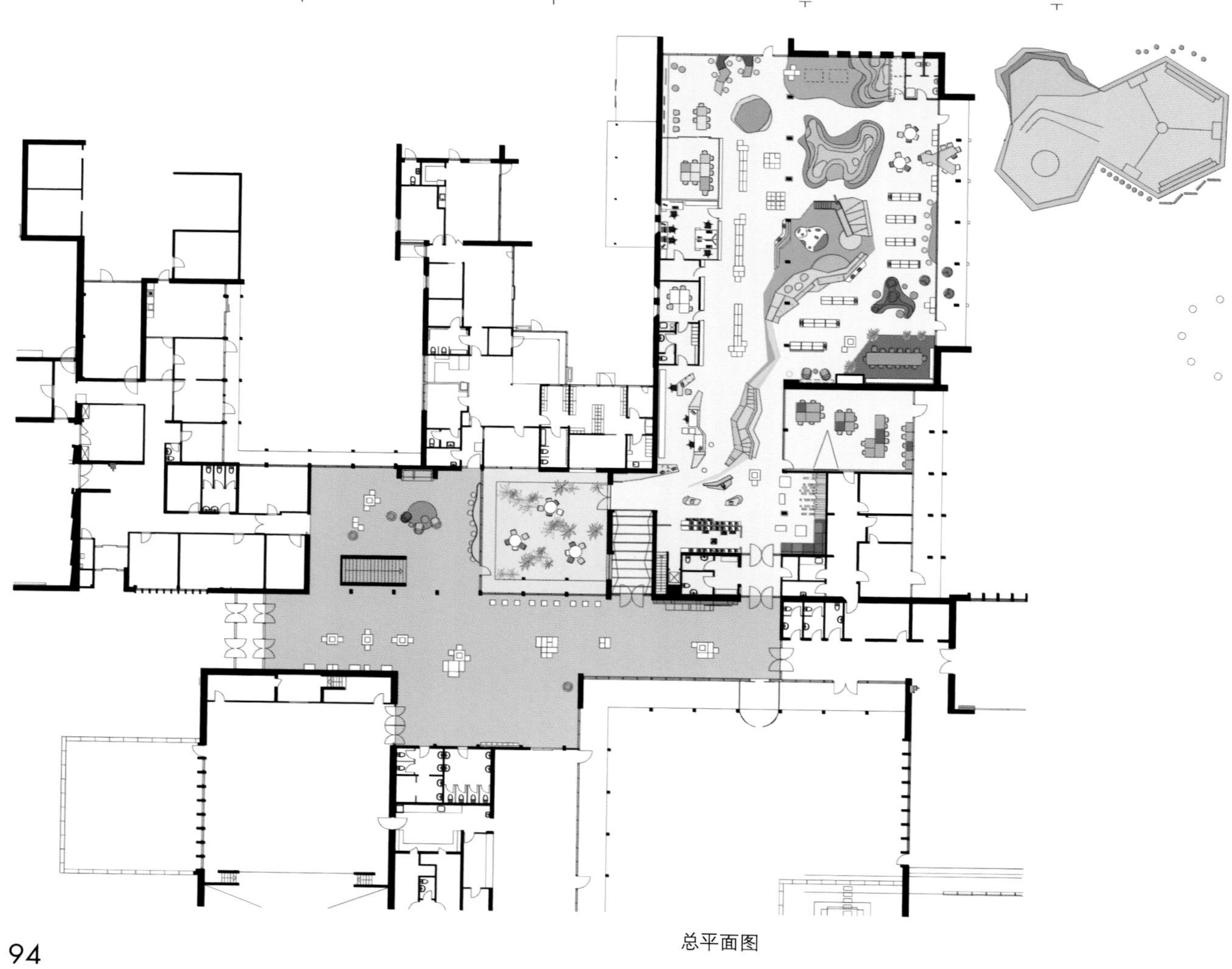

总平面图

det fjerde rige

ROMANER

LICEO EUROPA KINDERGARTEN

Liceo Europa 幼儿园

地点：西班牙，萨拉戈萨
设计单位：Rosan Bosch Studio
摄影：Kim Wendt

Rosan Bosch Studio 为位于西班牙萨拉戈萨的 Liceo Europa 所做的设计，可以称为“动态学习景观”。幼儿园以这种精心设计，来满足刚刚进入学前教育机构的孩子们之所需。

孩子们能够在这里实现“玩中学”，他们的日常活动拥有“无限可能”。设计师采用定制化的室内空间布局手法，从当地的 Moncayo 山汲取灵感，创造出一个有“高山”、有“洞穴”、有“沙丘”的景观环境，让孩子们能够充分利用空间的组合变化来玩耍、交流、运动。

借助这样的“学习型景观”，学校鼓励孩子们一进门就去感受它所带来的愉悦与活力。设计同样注重通过“多元智能”来支持学校的教学工作，设立了多元化的学习环境，作为孩子们学习空间艺术、音乐、语言或发展数学能力的有力推手。

在 Liceo Europa 幼儿园，学龄前的孩子们可以自由地活动，不断发掘自己身心的潜能，去游戏，去学习，去探索。设计师的策略，正是为探索、团队合作、身体与艺术能力的发展提供适合的空间。同时，他们也致力于激励每个孩子发展自己的个性，不管是在室内或室外学习环境中都能够开展个体化的学习。

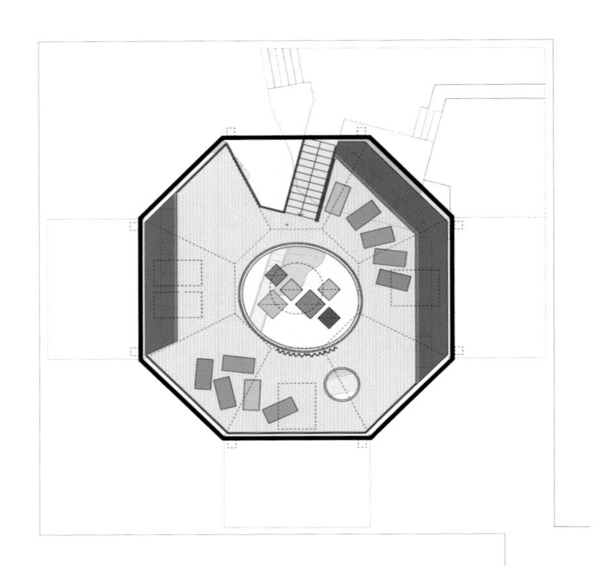

总平面图

Liceo

ARANYA CHILDREN'S ART CLASSROOM

Aranya 声声音乐艺术馆

地点：河北，秦皇岛
面积：280 m²
设计师：出口勉、冈本庆三、张凤
设计单位：Odd （Okamoto Deguchi Design）
摄影：锐景摄影（广松美佐江、宋昱明）

Aranya 声声音乐艺术馆是 odd 设计事务所受阿那亚委托打造的一个集音乐表演、舞蹈表演、手工制作、绘本阅读于一体的儿童音乐艺术空间。项目包含简餐咖啡区、三个独立琴房、两个绘本区以及综合舞蹈教室等。

设计的宗旨不在于给孩子一个世界，而是希望和他们一起创造世界；不是以具象和装饰化的语言去给予孩子空间，而是以童心去构想具有无限想象力的空间。因此，设计师对三个原本相互独立和封闭空间的隔墙最大限度地进行了拆除，然后通过新的设计语言去探索空间形态的趣味性，使建筑固化的结构墙体消隐在空间之中。最终，使得空间在有效融合的同时，又产生了多变、丰富的探索意味。

整个空间的主要材质为弧形的木材，营造出温暖、自然的氛围。设计从儿童的尺度出发，置入连续的白色悬吊弧形墙体，以此包裹独立封闭的空间，模糊独立与开放的界限，形成具有整体感的空间氛围。同时，通过曲线吊墙在空间中的变化和洞口的处理，形成多个开放与半开放的空间。富于变化的吊墙与立面窗户相结合，模糊了室内与室外的关系，形成多变的空间，营造出开放、自由、自然的教学环境。

由于独立琴房有隔音和吸音的要求，设计师在充分了解声学系统的基础上将声学结构件融入空间设计语言，采用了新型轻钢隔声墙体系统，使墙体达到最薄的程度。于是，MLS 扩散体与墙身融为一体，化身为空间立面元素。光纤灯的使用，又使得原本只具有功能性的穿孔吸音板呈现出星空般的效果。

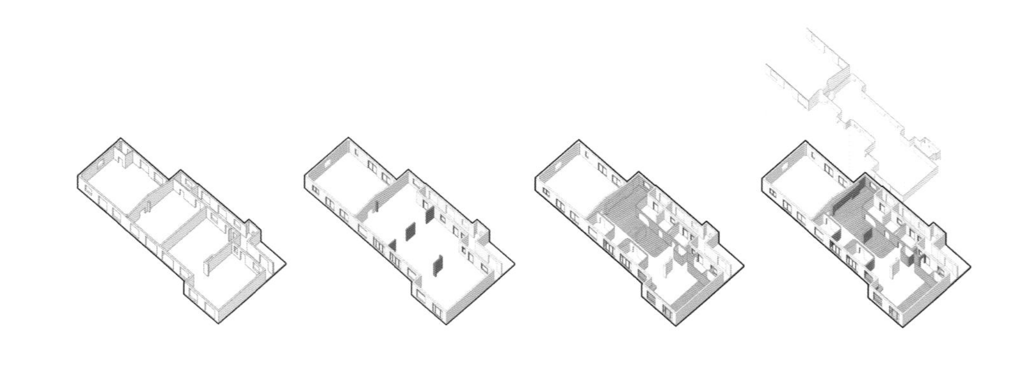

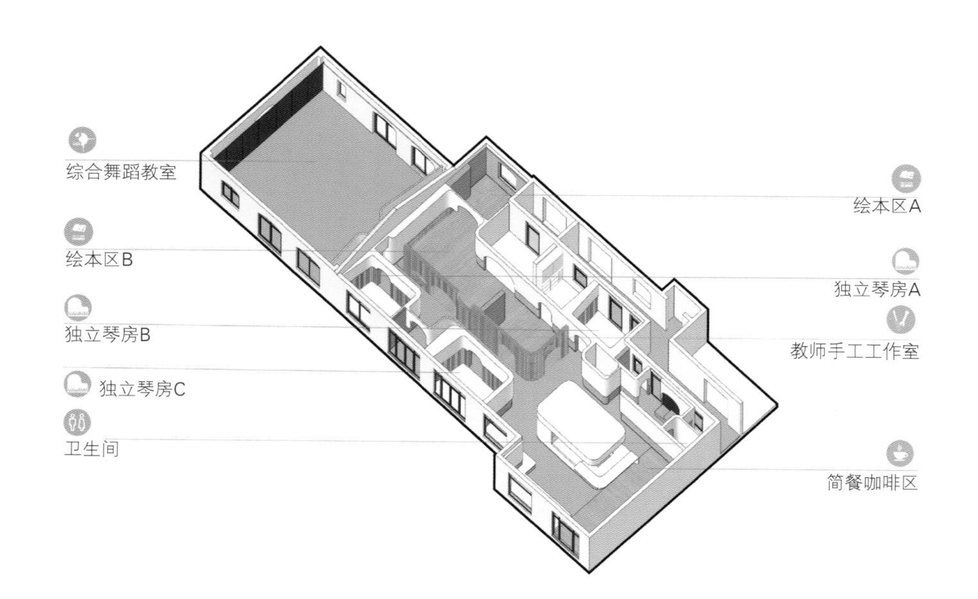

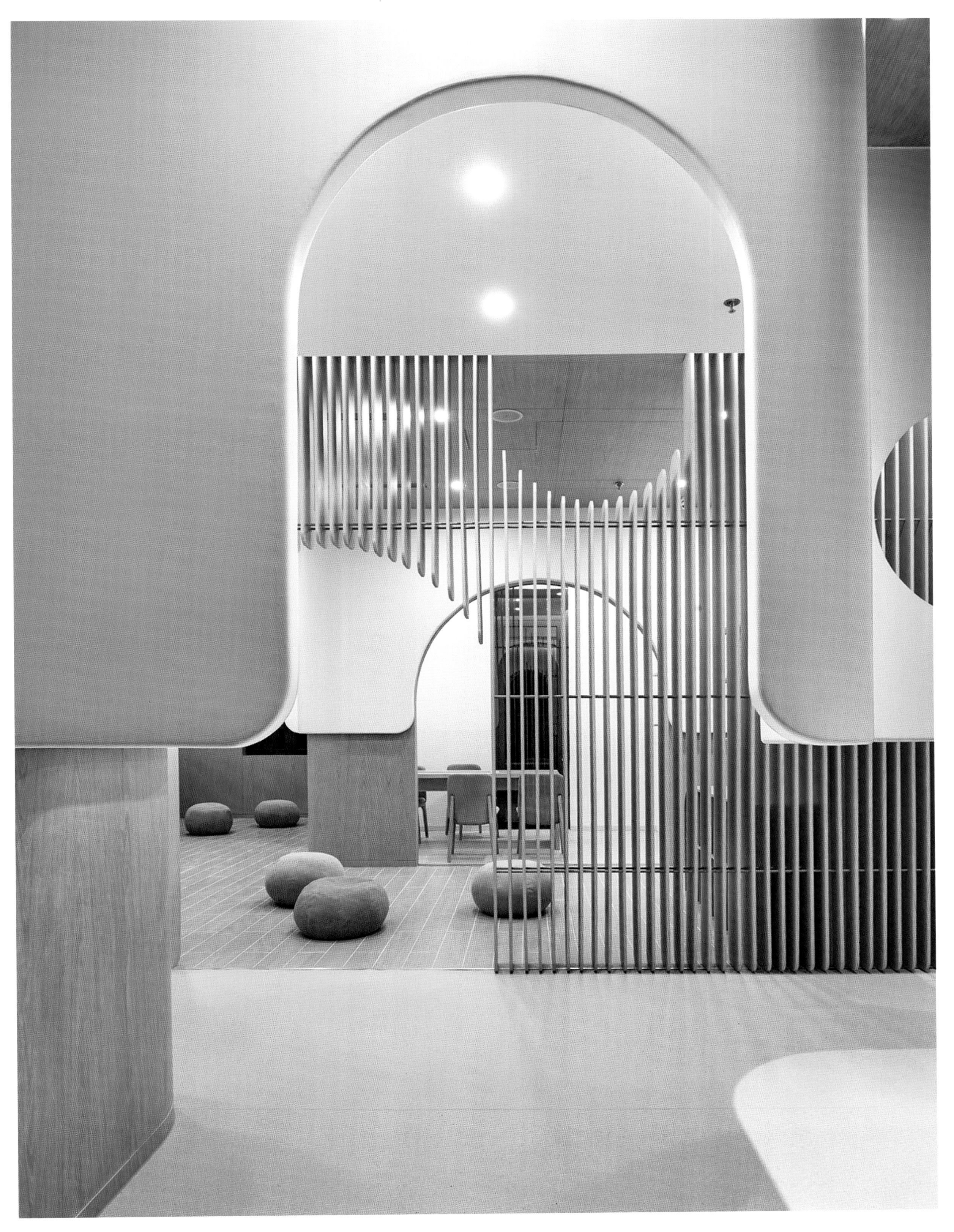

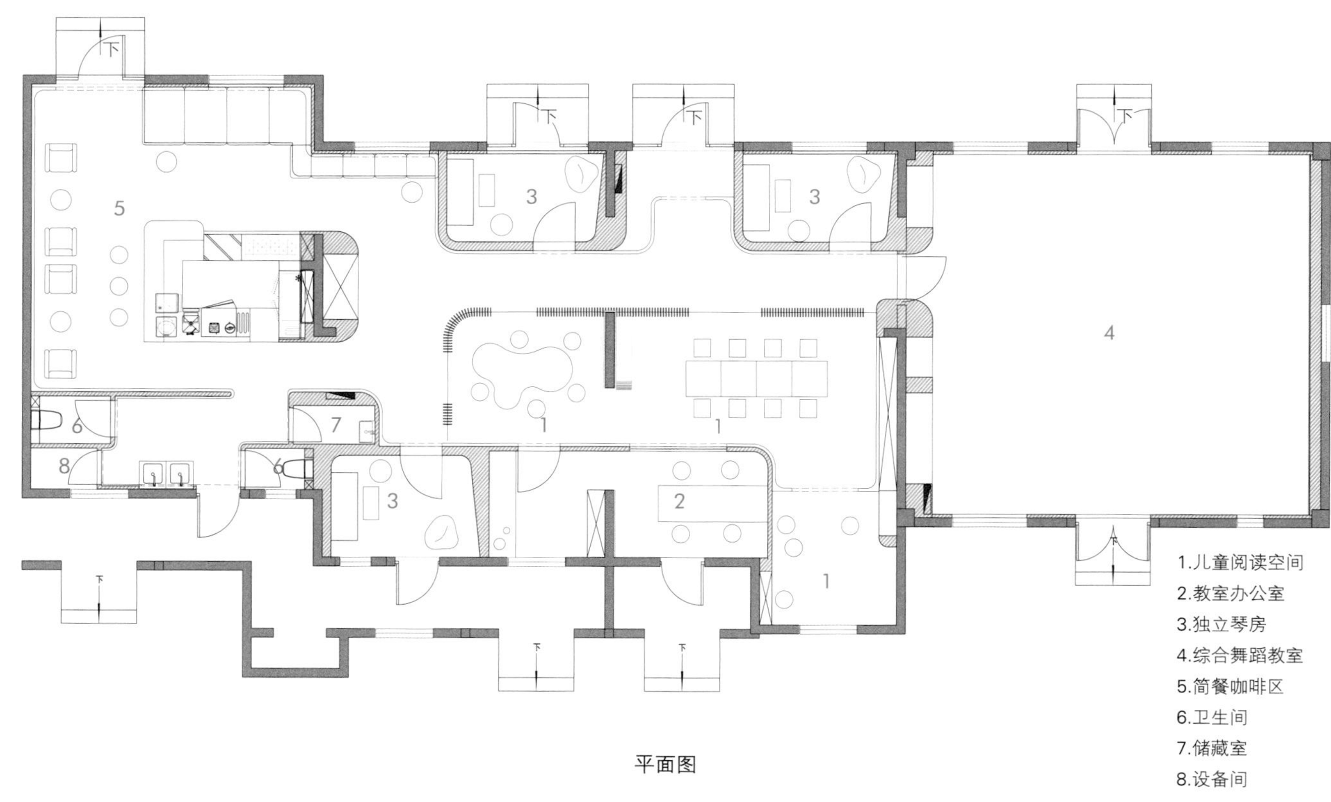

1.儿童阅读空间
2.教室办公室
3.独立琴房
4.综合舞蹈教室
5.简餐咖啡区
6.卫生间
7.储藏室
8.设备间

平面图

POLY WEDO ART EDUCATION (DAMEI BRANCH)

保利 WeDo 艺术教育机构（达美分校）

地点：北京
面积：770 m^2
设计团队：韩文强、宋慧中、李云涛
设计单位：建筑营设计工作室（www.archstudio.cn）
摄影：王宁
撰文：韩文强

这是建筑营为保利 WeDo 艺术教育机构设计的第二家儿童教育空间。该机构主要向小朋友教授音乐、舞蹈、茶艺、厨艺、手工等课程，因此需要充足的、能够配合相应课程的教学场地。设计师从传统园林之叠石假山得到启发，制造了一组层叠错落的“假山”，既满足了使用者的实际需求，又让孩子们可以在这里尽情游玩嬉戏。

原建筑空间平面呈 L 形，入口位于尽端一侧，由外向内流线比较长。设计师采用连续的弧形墙面挤压出一条曲折迂回的走廊，打破传统直线走廊的枯燥乏味，激发孩子们探索的欲望；又由弧形墙面分别划分出音乐教室、接待区、厨艺区、茶艺室、娱乐区等区域。

一系列正、反拱形洞口进一步形成了各区域之间的虚实关系，创造出层叠交错的视觉趣味。身处走廊之中的孩子们，眼前有时是幽暗封闭的山谷，有时是开放通透的山巅，有时则是只能容下两个小伙伴的山洞。音乐教室由弧形玻璃密闭，在保证隔音效果的同时又能实现开放的教学环境；茶艺区和厨艺区由反拱形的墙面分隔，墙面成了孩子跨越、休憩、玩耍的道具；手工区位于走廊空间的转角处，孩子们可以围坐在一棵树下做手工；十个钢琴私教教室排布在走廊两侧，每个教室都被设计为一个山洞。拱形墙面有利于混音，保证教室的声学品质。走廊基本由木色包裹，部分墙面采用镜面不锈钢，材料的反射有效地增强了空间的进深感和眩晕感，使空间更具趣味。

走廊的尽端为舞蹈教室，设计师将其定位为一个与木色空间形成对比的“室外空间”。建筑原本的结构管线全部裸露，地面铺设的灰色地胶在临窗的地方蜷曲成为座椅。通透的落地玻璃、落地舞蹈镜与室外街边的树木掩映成趣，将室内外的场景自然地连接在了一起。

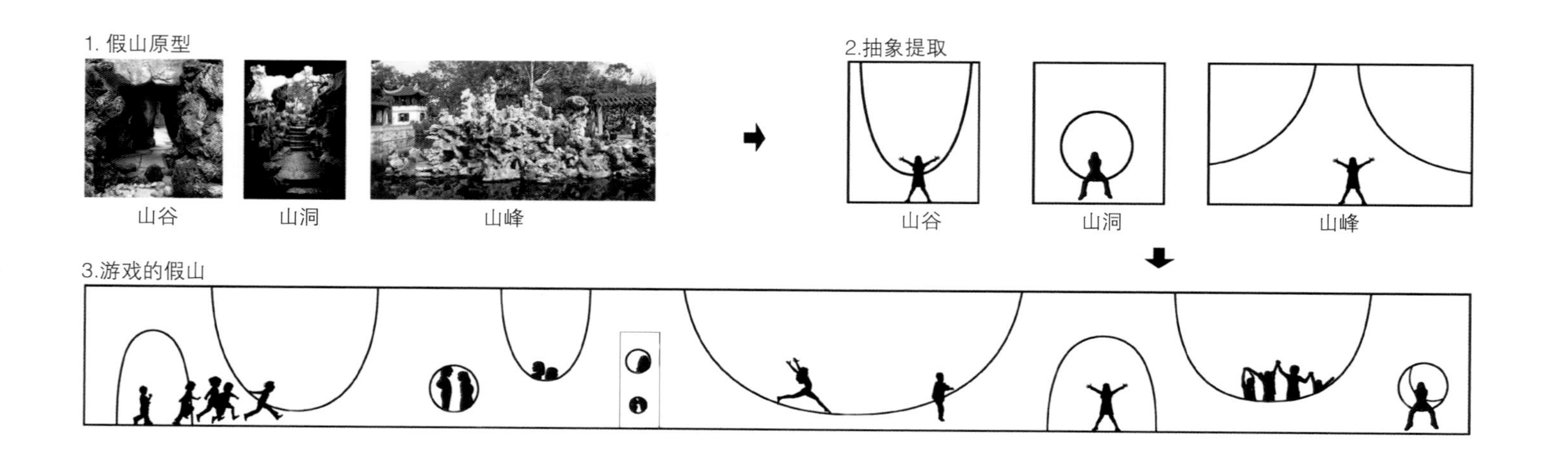
1. 假山原型
山谷
山洞
山峰
2.抽象提取
山谷
山洞
山峰
3.游戏的假山

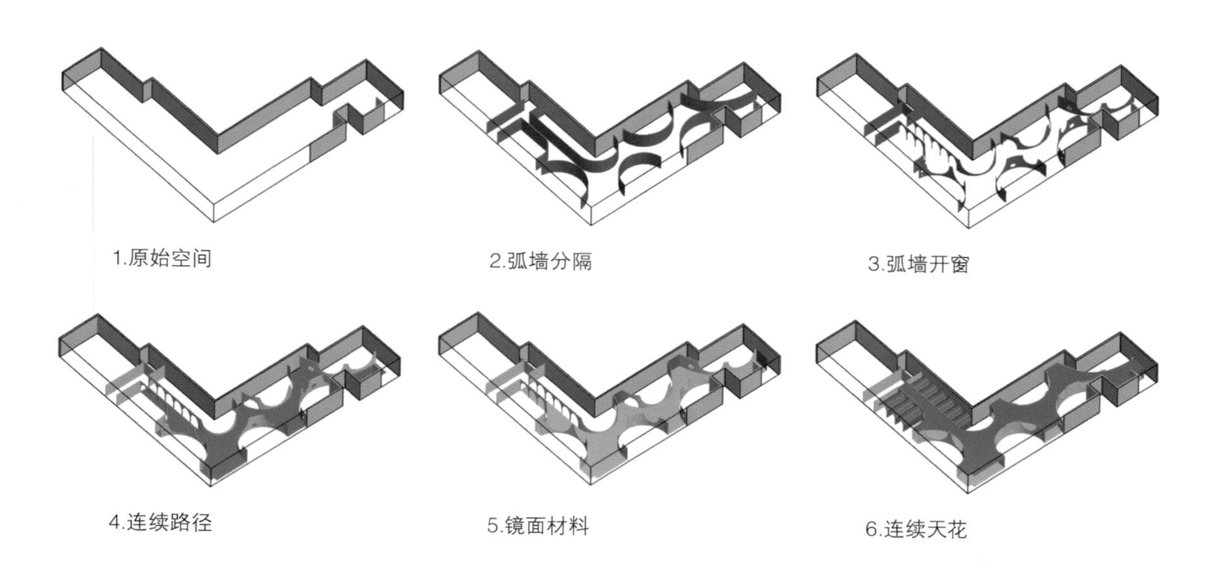
1.原始空间
2.弧墙分隔
3.弧墙开窗
4.连续路径
5.镜面材料
6.连续天花

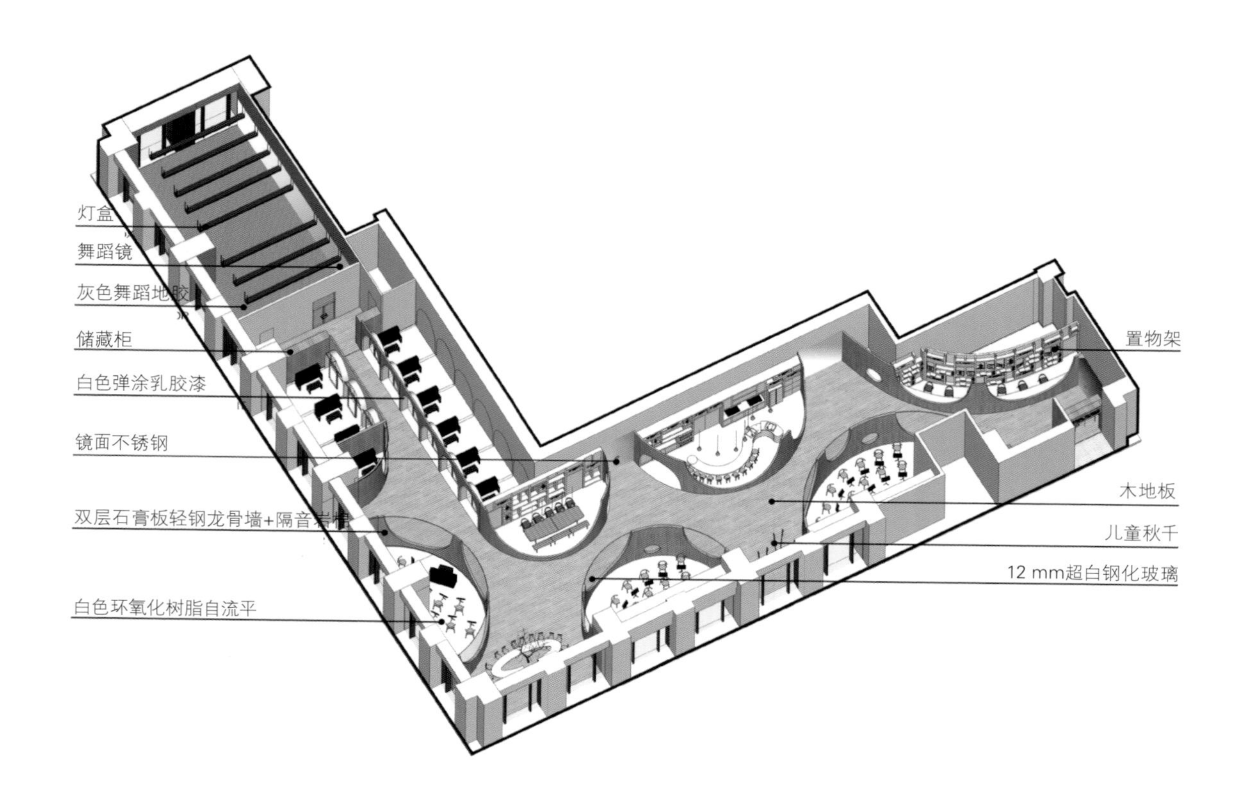
灯盒
舞蹈镜
灰色舞蹈地胶
储藏柜
白色弹涂乳胶漆
镜面不锈钢
双层石膏板轻钢龙骨墙+隔音岩棉
白色环氧化树脂自流平
置物架
木地板
儿童秋千
12 mm超白钢化玻璃

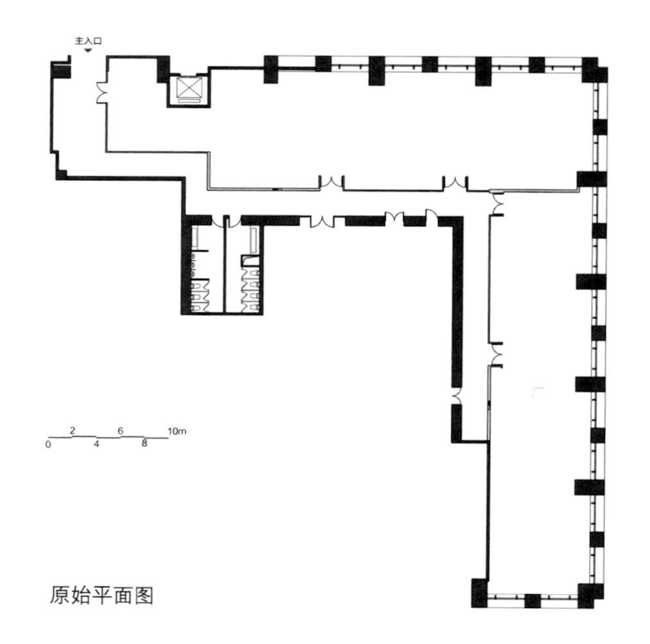
主入口
0
2
4
6
8
10m

原始平面图

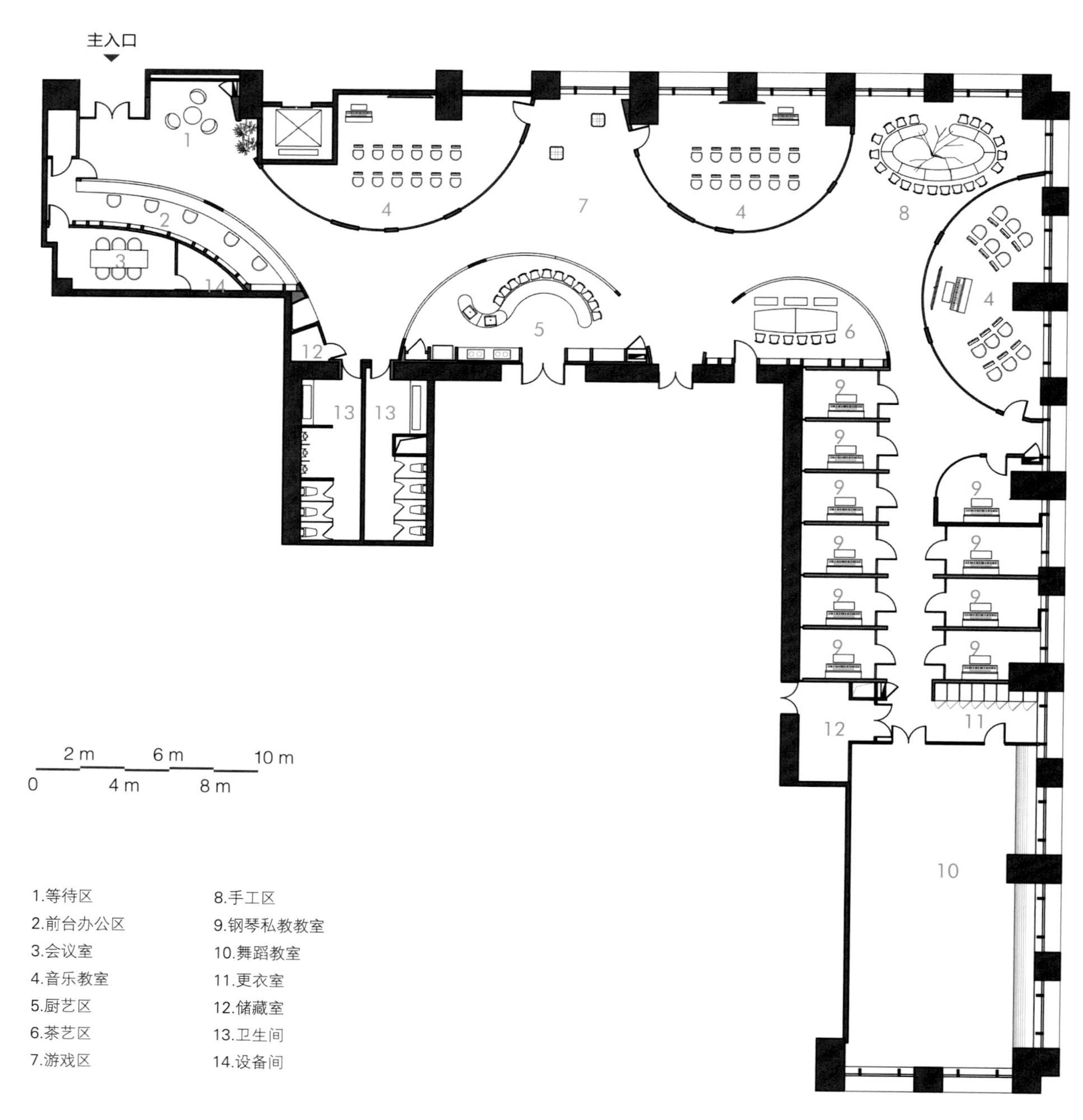
主入口
1
2
3
4
5
6
7
8
9
10
11
12
13
14
2 m
6 m
10 m
0
4 m
8 m
1.等待区
2.前台办公区
3.会议室
4.音乐教室
5.厨艺区
6.茶艺区
7.游戏区
8.手工区
9.钢琴私教教室
10.舞蹈教室
11.更衣室
12.储藏室
13.卫生间
14.设备间

平面图

CORNERSTONE INTERNATIONAL ACADEMY IN YINCHUAN

银川市角石双语幼儿园

地点：宁夏回族自治区，银川市
建筑面积：约 6 000 m^2
主设计师：史洋
设计团队：黎少君、米逸菲、隋欣、李迪进、李翠、李必选
设计单位：hyperSity 建筑设计事务所
摄影：金伟琦

幼儿园是什么？它不是游乐园，而是一个自然、真实、朴素、舒适的学习场所，能够让孩子们在其中感受、学习、成长。

随着当代中国家庭教育理念的转变，幼儿园的经营模式和空间形式也不断发生转变。方角石双语幼儿园坐落在银川市，是美国南加州最佳 K-12 学校之一的 United Christian Academy 的姐妹校。作为一所配备 25 个班级和早教中心的大型幼儿园，其教学总监注重让孩子体验学习的过程，成为终身学习的受益者。

建筑师尝试突破常规的幼儿教育功能区域划分方法，希望营造出安全的、令人感动而又轻松愉悦的学习与活动场所，在色彩上不给孩子们带来过多的审美负担。

由于场地周围的小区是高密度住宅，建筑师尽量弱化了场地四周沉重的色调和肌理，让幼儿园为社区带来轻快的、闪亮的色块。建筑表皮局部设置了竖向的廊架，一方面舒缓西北地区日照为室内带来的强烈光线，使得室内获得更柔和的漫射照明；另一方面，幼儿园内部的活动隐约显现在外立面的表皮上，使整个建筑显得更加轻盈。

整个幼儿园东南部一层是一个多功能大厅，同时也是对外开放的共享空间，周末和节日社区里的儿童可以到这里来活动。建筑师利用大厅一层到二层的交通空间，综合滑梯、蹦蹦床、攀爬设备等构筑出一个大型雕塑装置，让孩子们能够自主地游戏。

二层和三层是教学空间，建筑师在采用严格安全保护措施的同时，注重挖掘公共场所的空间潜质，增加了多个能把孩子们聚集在一起的场所，以增强空间内部的流动性，使其成为随时可以进行游戏体验与身体锻炼的互动型空间。教室的走廊设置有圆形的阅读区，孩子们可以从不同方向的拱门进入，也可以选择在某个角落阅读。这也构成了孩子们和其他班级同学之间的交往空间。

整个幼儿园空间温暖、柔软而又充满童趣，有自然的木质材料，有室内小木屋，也有柔性的灯光处理。傍晚时分，灯光从房中透出，外立面的隔扇以及星星点点的开窗让整个幼儿园像是半透明的轻盈发光体，点亮了这个西北城市的一个角落。

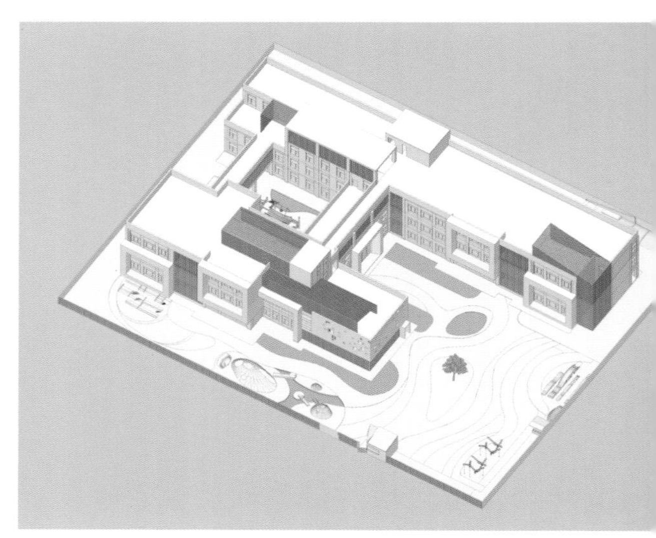

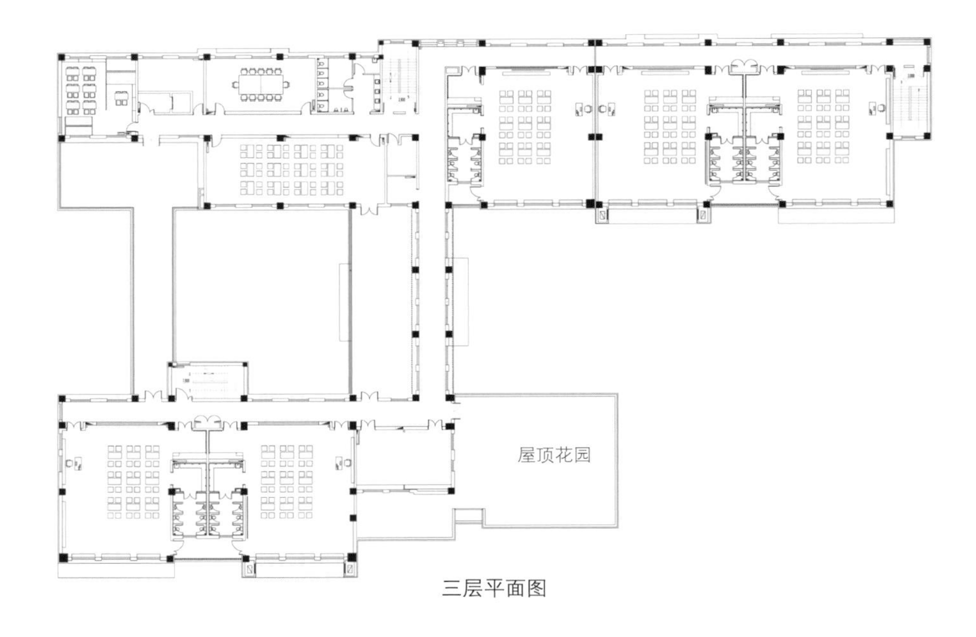

三层平面图

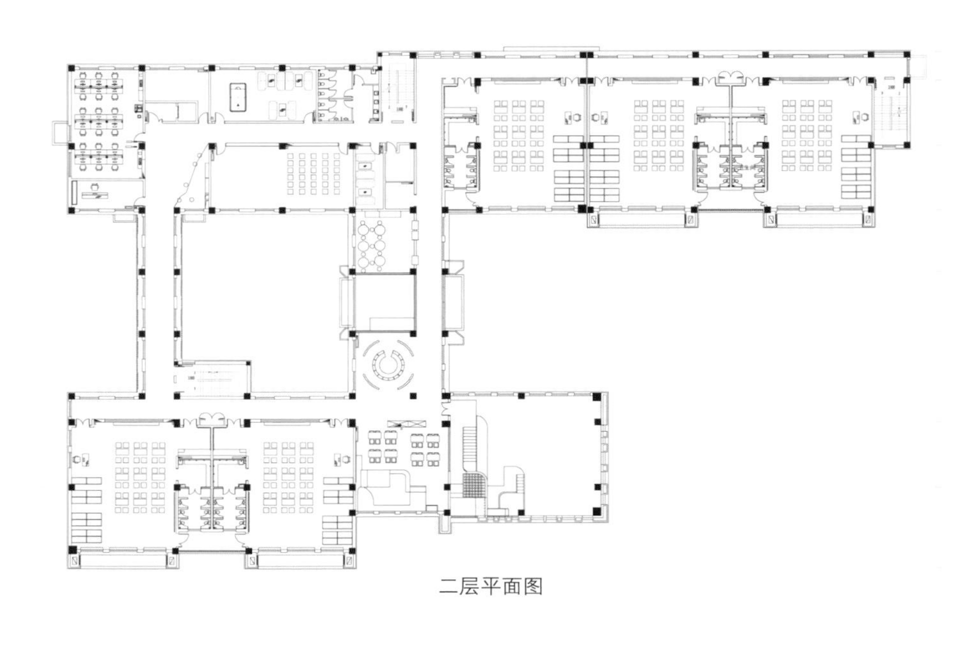

二层平面图

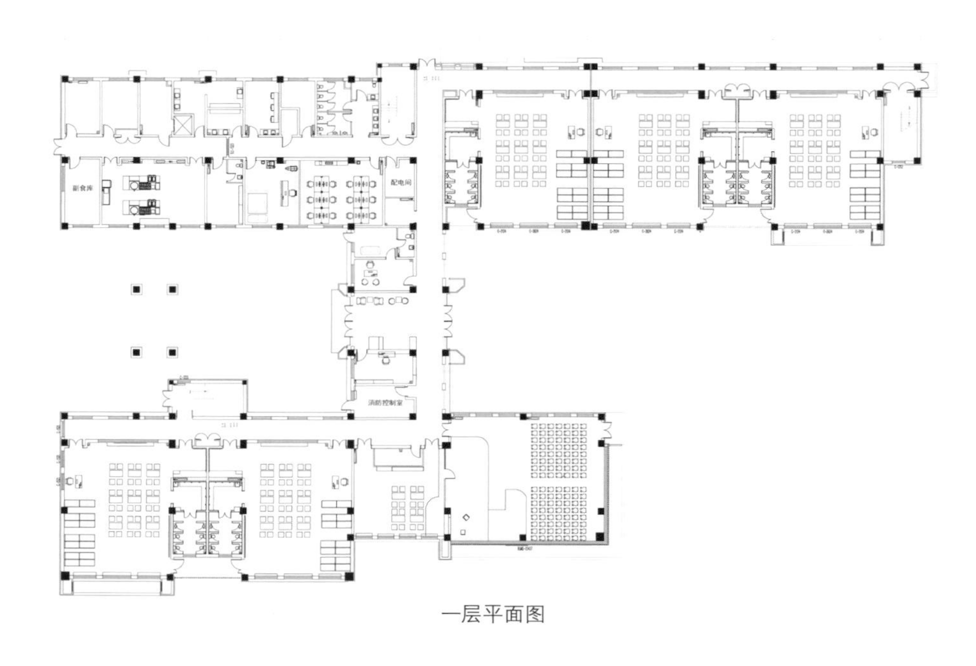

一层平面图

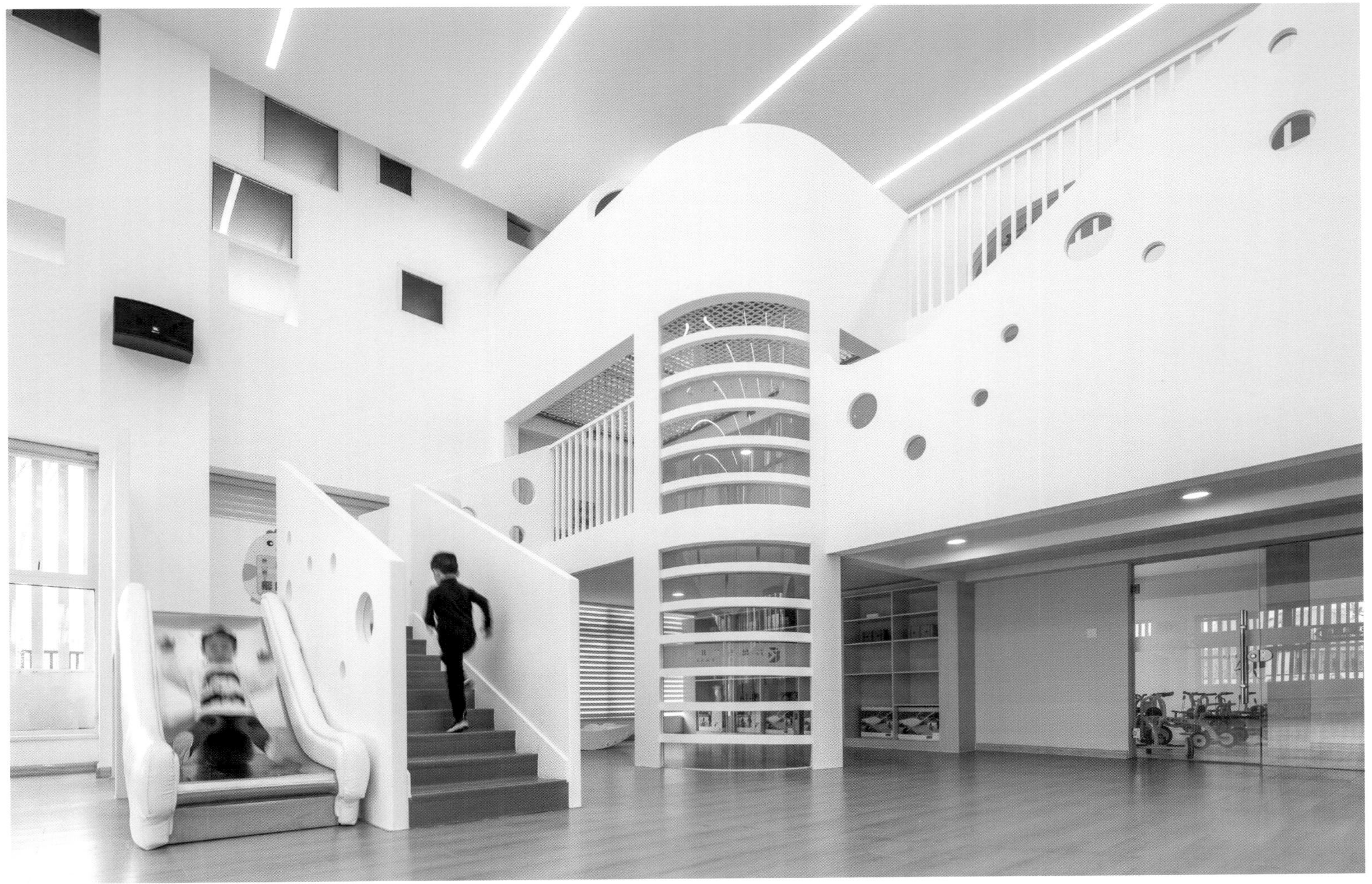

HOOT

INFINITY KINDERGARTEN, SHANGHAI

上海无限幼儿园

地点：上海
用地面积：8 375 m^2
建筑面积：5 899 m^2
主持建筑师：吴海龙
建筑方案设计：曼景建筑
景观、室内方案及施工图设计：曼景建筑
建筑设计：俞斌、徐之杰
设计团队：吴海龙、赵林、李三见、陈柳均、唐程颖、苗梦娜、程孟雅、郭思博、卫韡、苗梦娜、李诗慧、毛广知、罗斌辉、周景轩
建筑施工图：联创设计
摄影：苏圣亮、曼景建筑

幼儿园位于一个典型的别墅区内。按照房地产开发的惯常策略，开发单位在别墅区周边用围墙圈出一块不规则场地留给幼儿园。

在设计的最初阶段，建筑师重点考虑的是如何用积极的态度去回应这块消极、封闭的场地——最积极的态度，也许就是再造一个理想之地。最终，它犹如一个被放置在城市环境中的盆景，你明知它是微观和局部的，但是它包含了你对这个世界的期许和想象。

这个“盆景”由3个部分组成，即房子、廊子和院子。

整个幼儿园给人的第一印象是一群小房子的群落。建筑化整为零，形成去中心化的空间群落，各班级被安排在9个相对独立的小房子里。

9个房子用双层环廊连接起来，房子之间的环廊嵌入了专业教室、办公室和交通空间。整个场地形成了4个院子——内部曲折的院子、外部开放的院子、空中散落的院子，以及有大树穿过的院子。

这些房子、廊子和院子在不同的位置呈现出丰富的状态。房子有落在地上的，有飘浮在空中的；廊子有室内的、室外的，以及半室外的。说到院子，既有内院里的器械场地、分班活动场地，也有外院的跑道、沙池、水池，还有屋顶上的植物辨识园和儿童种植园地。

项目用地是按照3层建筑的设想来预留的，而建筑师希望尽量压低建筑的高度以减少对儿童的压迫感，这样的话绿地率和活动场地面积就难以达到要求。于是，建筑师采用飘浮的建筑形式，留出底层架空的活动场地；2层环廊形成退台，成为空中花园；在余量很小的场地中，则用一个圆形来铺满场地，形成分班活动场地、器械活动场地、沙水池等，而相切的圆环边线天然形成了入园的环形洗手池、圆环景观路径和活动场地的边界。

设计师通过室内和景观的一体化设计，开发每个不规则空间的潜力，把整个建筑做成了一个超级玩具。

幼儿园的设计始于对现状的挑战，以一个生动有趣的空间状态结束，空间的系统以“奇”而始，以“正”而终。

a-a剖面图

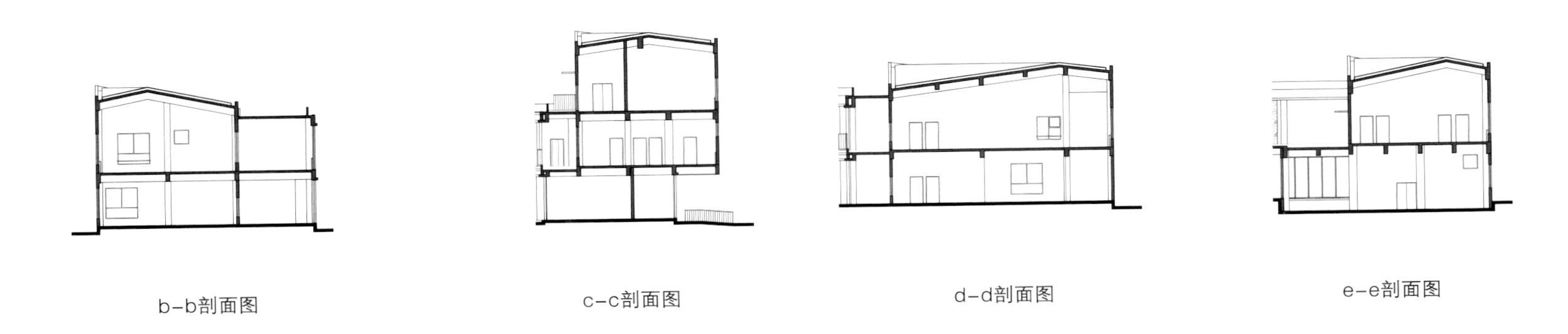

b-b剖面图

c-c剖面图

d-d剖面图

e-e剖面图

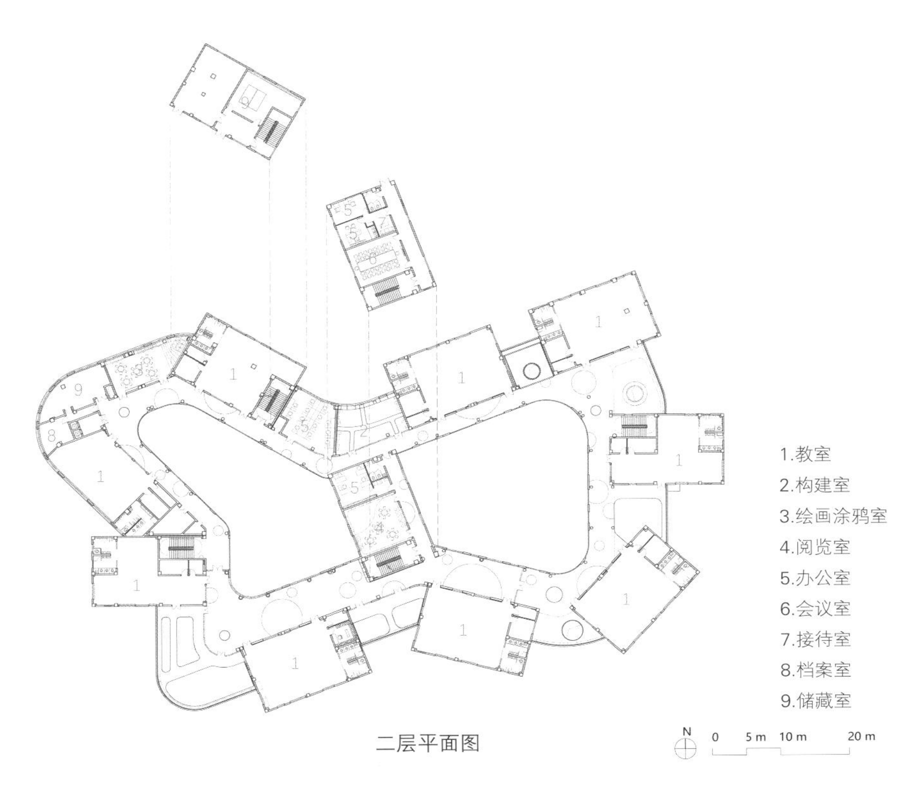

1.教室
2.构建室
3.绘画涂鸦室
4.阅览室
5.办公室
6.会议室
7.接待室
8.档案室
9.储藏室

二层平面图

1.门厅
2.教室
3.舞蹈教室
4.生活教室
5.科学教室
6.晨检室
7.保健室
8.观察室
9.教师办公室
10.多功能厅
11.厨房
12.员工餐厅

一层平面图

HANGZHOU HAISHU SCHOOL OF FUTURE SCI-TECH CITY

杭州未来科技城海曙学校

地点：浙江，杭州
面积：44 900 m²
设计单位：零壹城市建筑事务所（建筑设计、室内设计、景观设计）
合作单位：浙江省建筑设计研究院
摄影：苏圣亮、吴清山

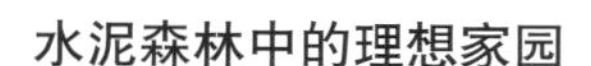

水泥森林中的理想家园

未来科技城海曙学校是一个包括幼儿园和小学的综合性项目。学校的设计灵感来自于儿童的绘画语言。设计师将偌大的体量打散成 15 个坡屋顶小房子。建筑群主要由教学楼、行政楼、体育馆、食堂等部分组成，通过连廊、内院、开敞程度不同的廊道将各个功能空间串联起来。廊道、楼梯等空间不仅仅作为教室的连接，更是孩子们相遇的地方；操场、屋顶也不仅仅是字面所指的功能，而是孩子们沟通交流的空间。

适合不同年龄阶段的小尺度房子

这是一所能满足 27 班小学和 12 班幼儿园各项功能需求的学校。幼儿园、小学由南到北分布，建筑高度也相应地逐渐变高，以满足不同年龄段学生的活动需求。

小体量建筑围合出各具特色的内院，建筑之间又形成了有趣的街道空间。内院和街道的组成模式让教学楼建筑之间的连接围而不合，使室外空间更富趣味和层次。

幼儿园是独立的 U 形院落，院落中的彩虹跑道与建筑颜色相呼应，营造出一个五彩斑斓、无拘无束和充满奇思妙想的空间。

小学分为南北侧两部分，分别对应低年级和高年级的教学空间。南侧教学楼在建筑形态上由四个四层的单元连接形成半围合的庭院，朝向中心步道广场打开；北侧教学楼整体体量较大，最高的建筑面向城市干道一侧，体块相对统一规整，呼应城市界面。

同时，设计师有意地将建筑走道和公共空间放大。南北两侧的小学各教学楼与食堂建筑通过连廊在一、二层均相连，连廊东侧以坡度处理，自然过渡至一层并形成半围合的小尺度活动空间。架空的连廊能够满足双层交通空间所需，放大尺度的平台和廊下围合的庭院也创造出了更多的室外活动空间。

可自由探索的趣味屋顶

设计师采用双坡屋顶形式的建筑体量，根据每个屋顶空间的特质，结合相应的学生群体特点对其进行空间设计和规划，创造出许多屋顶活动空间，如可以用来躲猫猫的游戏场、种植园、小剧场、阅览室，以及跑道等。

总平面图

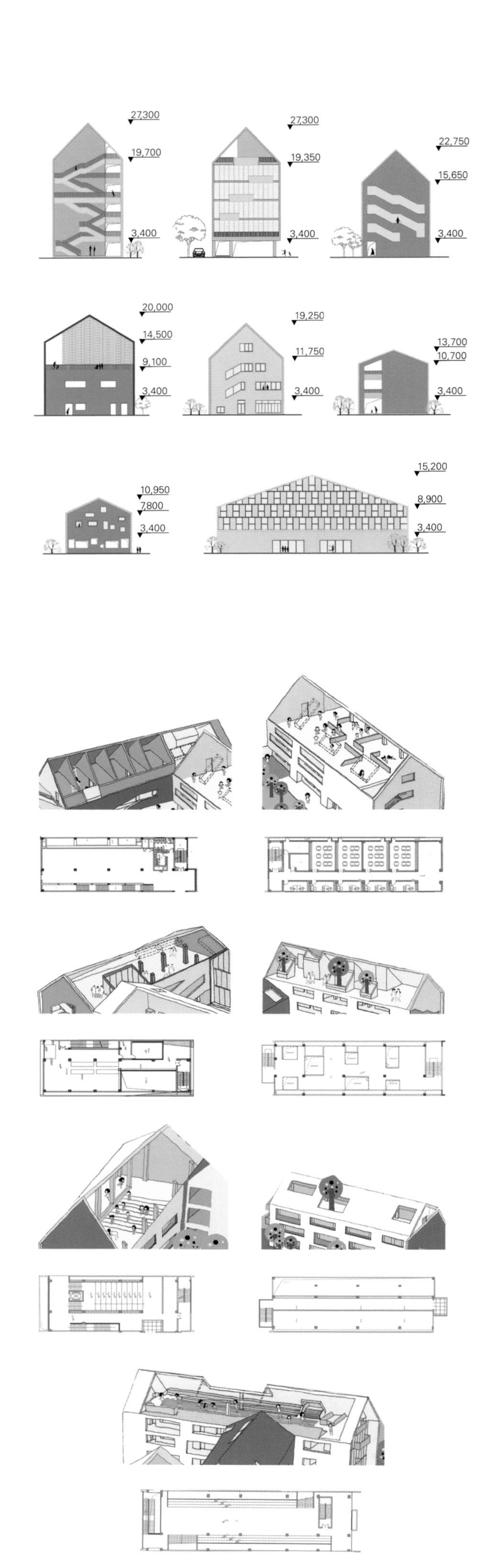

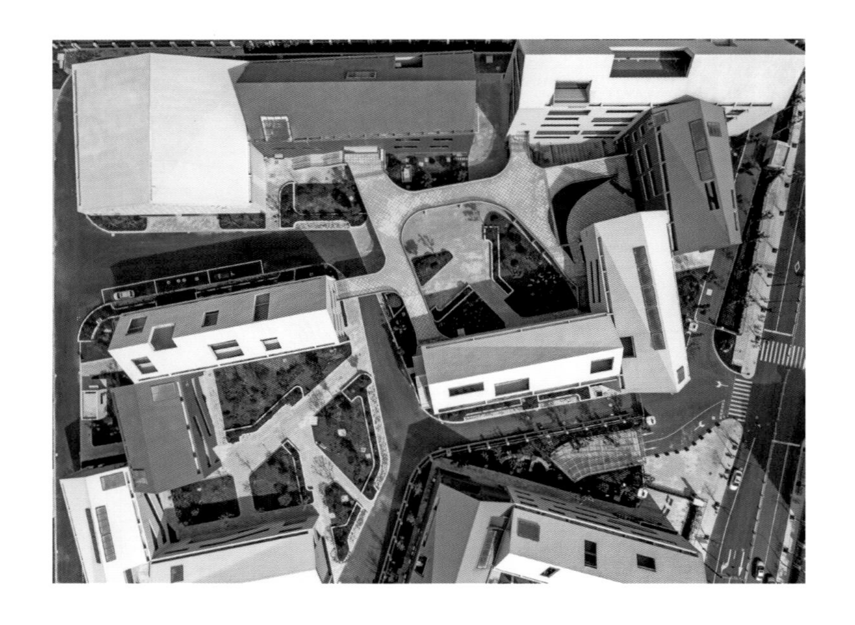

富有辨识度的多彩山墙

在整个以浅灰和白色作为基调的建筑群中，山墙成了海曙学校一个鲜明的可识别特征。每个山墙面在形态、颜色和材料上都各具设计特色，这些以黄、绿、橙等明快颜色点缀的山墙面相互交错组合，形成了轻松活泼的空间氛围。在此基础上，其中的五个建筑单体的立面以深红色呈现，不失统一而又富有节奏。

整个校园及建筑将人性化的尺度与场地、孩子们的成长和情感结合在一起。“小城故事”式的规划，使得孩子们能够在童话般的小镇中穿梭、成长。

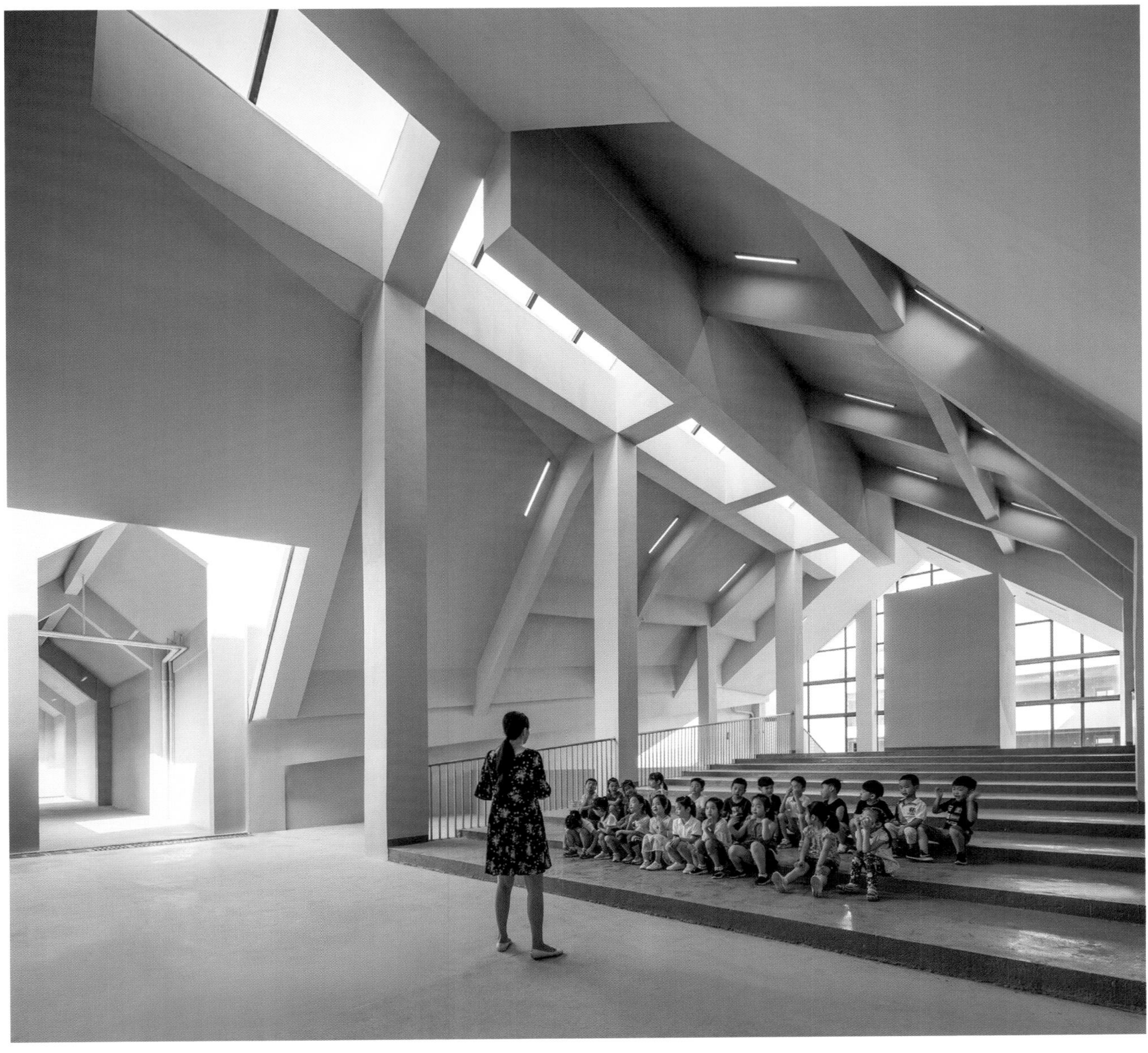

NINGBO IDEA KIDS INTERNATIONAL KINDERGARTEN

宁波艾迪国际幼儿园

地点：浙江，宁波
建筑面积：14 920 m^2
设计单位：格筑设计（ARCHgrid）
主创及设计团队：赵鹏、张正权、吴昊、何伟伟、吴昊、丘桂森
合作单位：宁波市民用建筑设计研究院
摄影：邵峰

艾迪国际幼儿园坐落于宁波集士港核心商业区西侧，西侧为现状农田，东侧高档居住区密布。

幼儿园旨在建设成为爱、欢笑和学习的源泉，提供良好的环境和教育平台，支持每个孩子发展自己的天赋。

幼儿园是人们童年记忆的重要部分。本案设计的初衷是让每个孩子都能够自发地去探索和发现自然，利用通透的大玻璃窗、阳台、屋顶平台和各种院落构成富有启发意义的体验型场景。孩子们可以通过玻璃窗观望外面的世界，也可以近距离接触自然。清新简洁的内外空间营造出活泼、欢快的气氛，为孩子们创造出一个承载美好记忆的“YY 梯田学校”。

串联的院子

建筑以平行的姿态展开，通过总图的布局形成 3 个相互串联的内院。由此，封闭、半封闭以及开放式活动场地的有机组合，形成序列型的过渡，有助于培养孩子们与自然和社会相融的开放心态。

退台的体量

退台的体量消解了整个建筑的尺度，同时保证了内部院落的

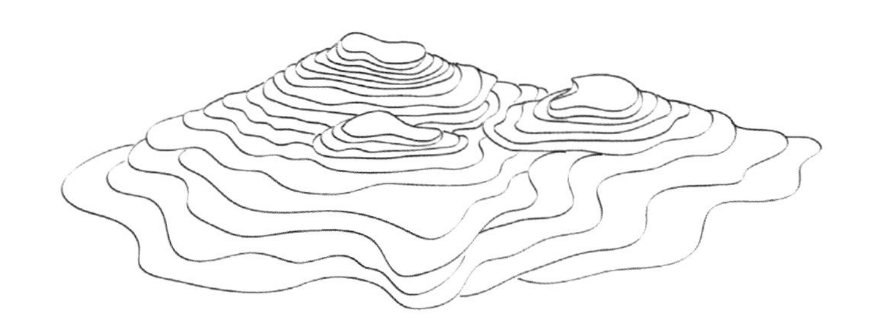

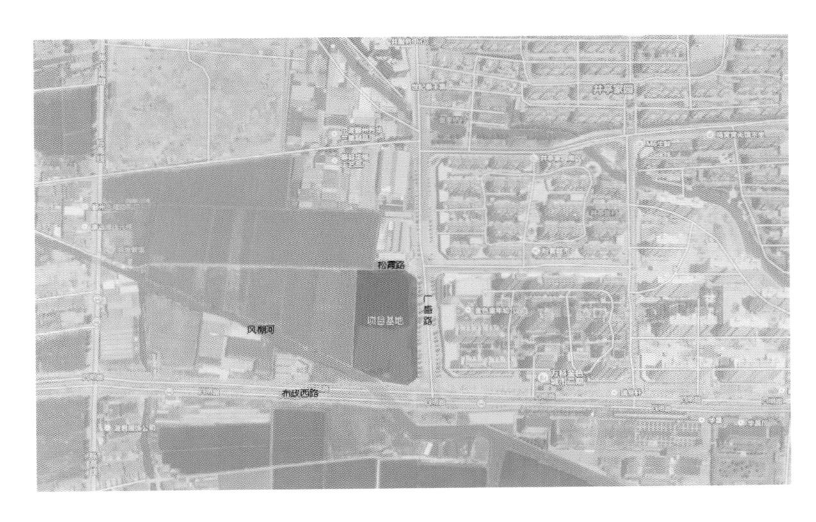

日照，形成梯级的过渡。低龄的楼层矮一点，高龄的楼层高一点，孩子们在这里更容易发展空间认知。低年级的屋顶，未来也可以作为高年级的活动平台和花园使用。

交流的廊道

游戏和运动是幼儿园教学最重要的部分。在每个院落之间是半户外空间的过渡，形成了多个游戏空间，可用于展示、游乐和风雨教学，是整个建筑最富弹性和活力的空间。一至三层线型走廊区域是孩子和老师们的生活、学习、玩乐空间。流线交叠形成的放大空间成了孩子们最爱的天地，集合了科学迷宫、游泳馆、图书廊和小舞台。

跳动的色彩

在整体的白色基调下，建筑立面采用跳动的色彩，它与内饰及景观的色彩有机结合，能够带动孩子的情绪，激发校园的活力。

多元的教育

幼儿园的北区设置有不同主题的十多个专用功能室——杰立卡操作室、STEM 科探馆、智高建构室、创意美工探究坊、百草园探究坊及沙盘游戏等，不仅有助于孩子们发展数理逻辑智能、想象力及情绪智慧，也能促使他们在游戏中实现智能的社会化发展。

剖面图

剖面图

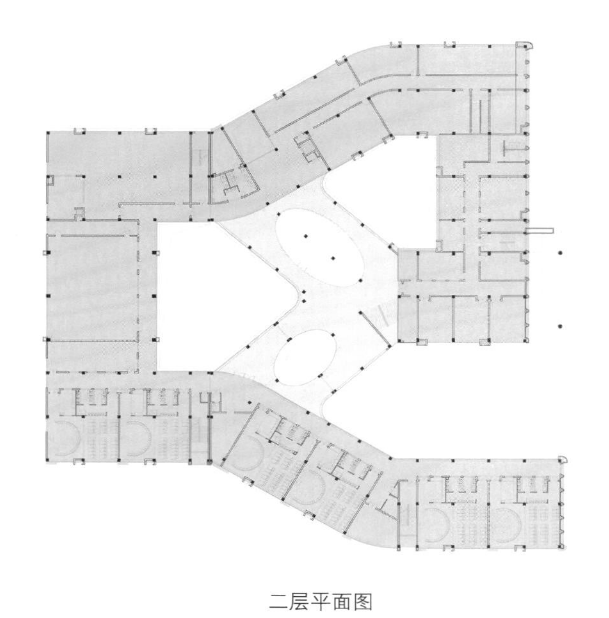

二层平面图

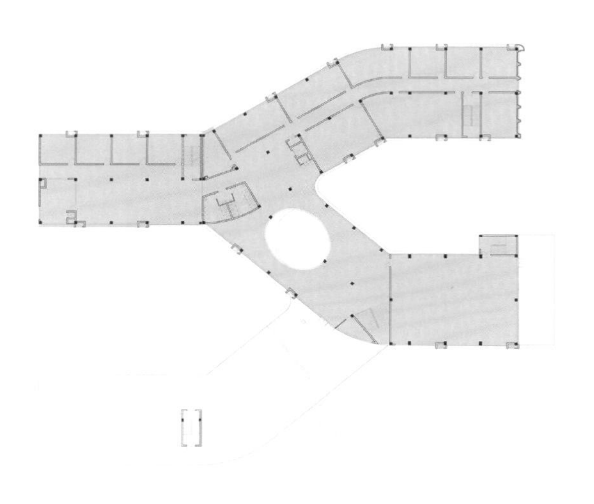

四层平面图

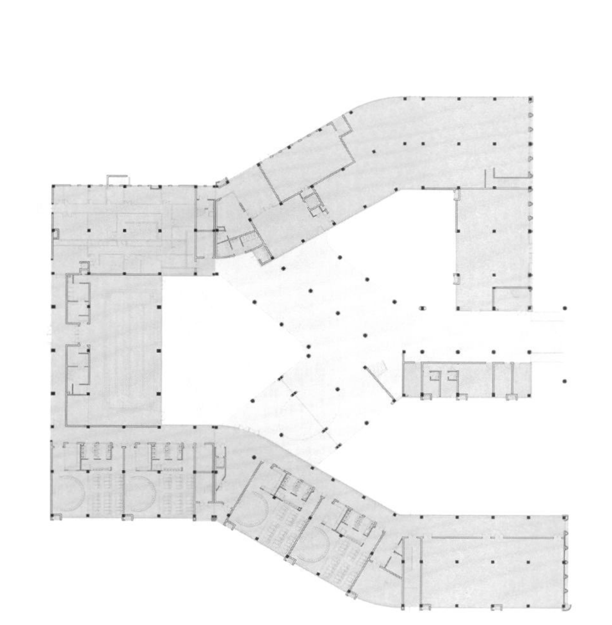

一层平面图

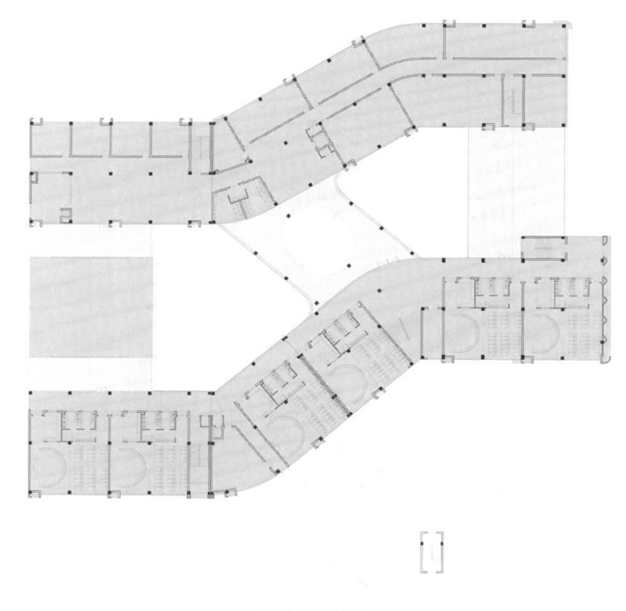

三层平面图

NURSERY AND PRIMARY SCHOOL IN SAINT-DENIS

圣丹尼斯幼儿园和小学

地点：法国，圣丹尼斯
用地面积：4 842 m^2
总建筑面积：4 800 m^2
有效楼层面积：4 600 m^2
建筑师：Paul Le Quernec
业主：City of Saint Denis, France
摄影：©11h45 (courtesy of the architect)

该学校由 8 间幼儿园教室和 10 间小学教室组成，此外还设有一间学校自助餐厅和一个休闲中心。建筑有地上 3 层和地下 1 层，地下层内设有服务空间。秉承场地内的各个单元都设有相同数量的通道和其他连接的原则，施工场地被分为 6 个部分：3 处户外区（入口、幼儿园操场和小学操场）和 3 处室内区（幼儿园、小学与带休闲中心的自助餐厅）。这种分割形成了一个三叶草形的布局，除了设有人们聚会的走廊外，还在内部和外部之间形成一个较好的连接。

在建筑内部，考虑到幼儿园和小学的教学差异，设计师开发了两处不同的空间，就像人的左脑和右脑一样。我们的大脑半球是对称的，但并不完全相同，因为它们具有各自独特的重要功能。所以这座建筑只是在外观上是对称的。

幼儿园教室由 3 个不同直径和高度的圆形空间组成。小学教室是方形的，一侧完全是玻璃墙面。圆形空间之间的孔隙设为存储区，以留出更多的空间布置教室。

多功能的幼儿园空间是圆形的，天花板则是半球形，而方形的小学教室空间，其天花板是锥形的。这两处大型空间都面向操场开放，且顶部设有照明设施。这两处空间面向走廊开放，有助于室内自然采光，且利用室内、外之间的透明度，易于引导人们规划流线。

设计的重点之一是使空间通畅，易于引导。从入口处开始，大厅的三叶草形结构使访客能够直接看到两个操场。在大厅，3 条通道在此汇聚，幼儿园在右侧，小学在左侧，休闲中心就在围绕电梯设置的大楼梯的前面。

大厅纵跨建筑的整个高度，被顶部的照明设备照亮。悬挂的两个半球结构使这处大型上空富有生气：每个半球结构都是属于幼儿园和小学图书室的阅读空间。

建筑采用三叶草形结构，立面的施工过程并不容易。为了避免形成单调而固定的立面，设计师设计了一个木质覆层系统，当游客围绕着建筑移动时，会发现板条发生了变化。立面的下半部为橙色，而上半部涂成了苹果绿色，且前侧板条的表面纹理粗糙，未经加工。这种设计手法使建筑的正面给人一种非彩色的视觉效果，但是当人们从倾斜的角度来观看时，这种视觉效果便会减弱，从而呈现为彩色。人们走进校园时，主立面为绿色，而走出校园时，主立面则为橙色。这种效果是一种开始便形成的视觉错觉，对于训练人的思维很有帮助。这个项目设计的每一个选择都考虑到了空间对孩子们心理、生理发展的影响。

东立面图

北立面图

西立面图

南立面图

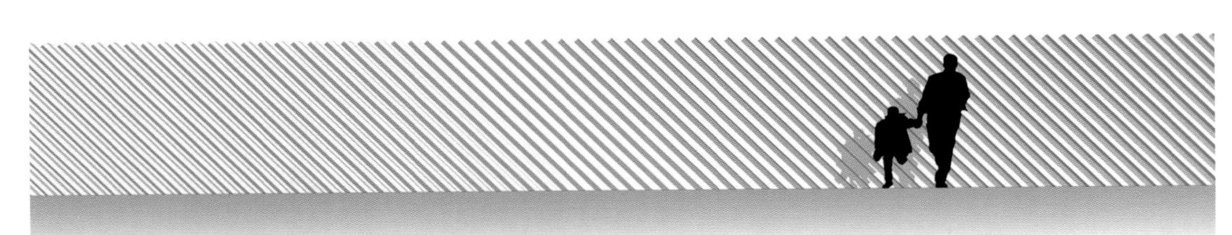

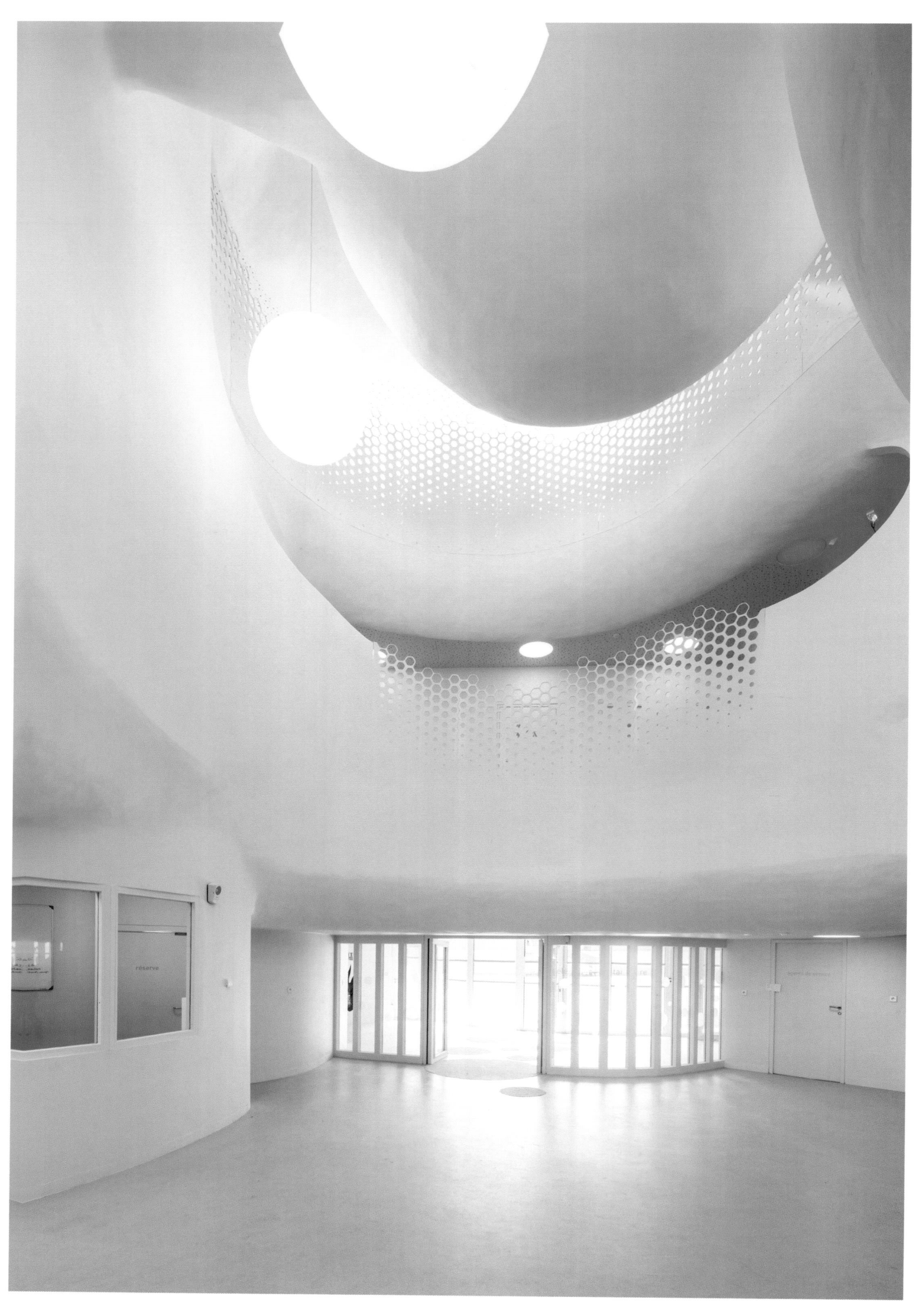
réserve

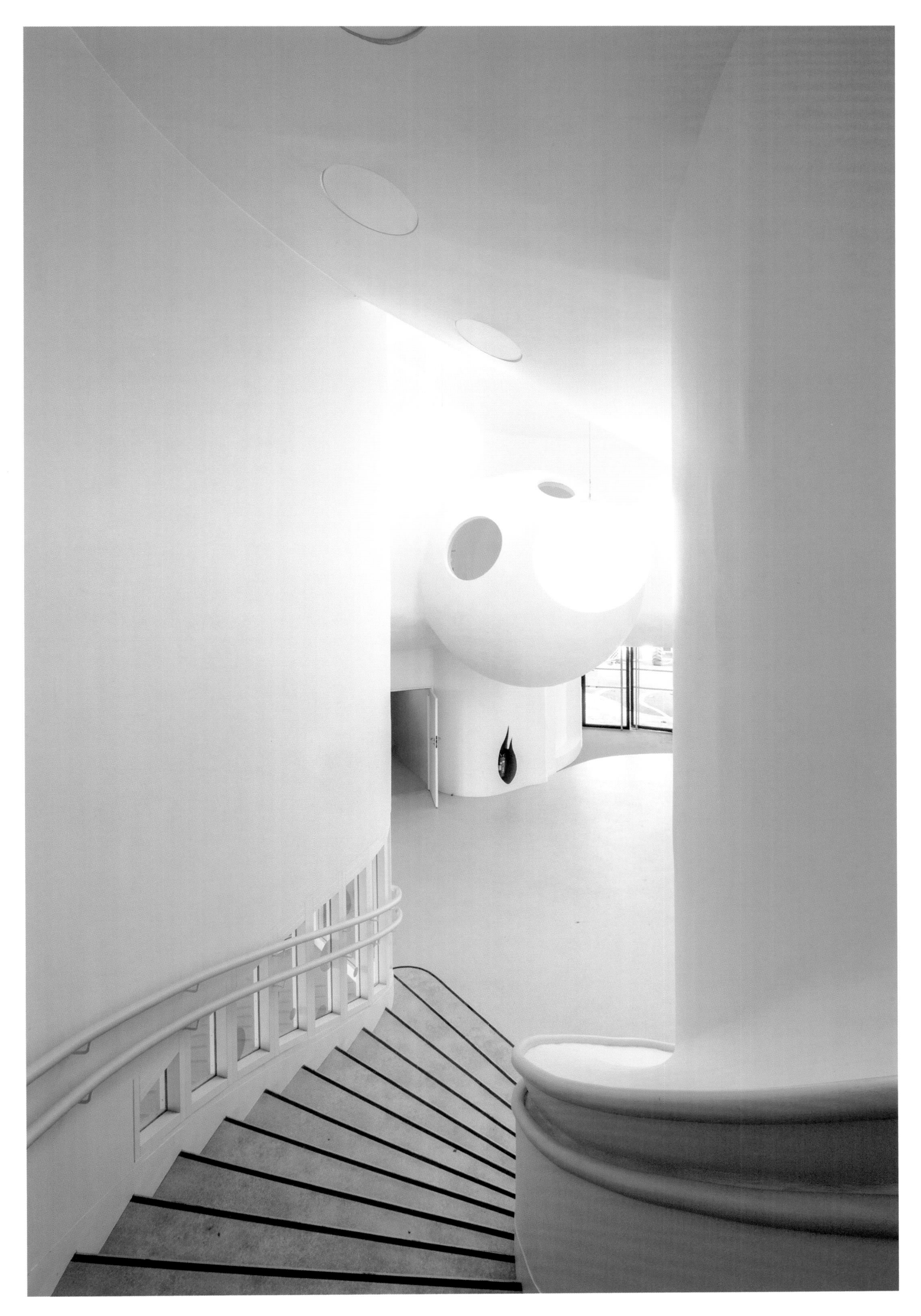

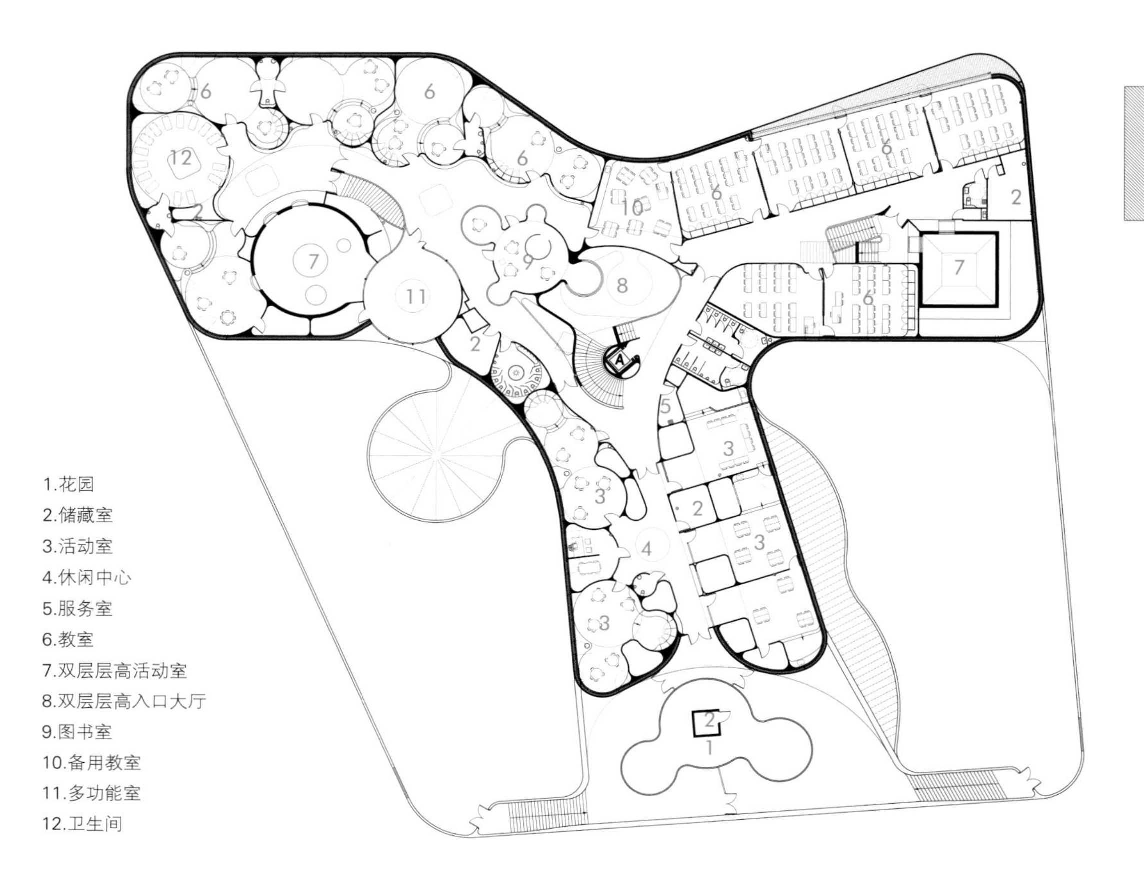
1.花园
2.储藏室
3.活动室
4.休闲中心
5.服务室
6.教室
7.双层层高活动室
8.双层层高入口大厅
9.图书室
10.备用教室
11.多功能室
12.卫生间

二层平面图

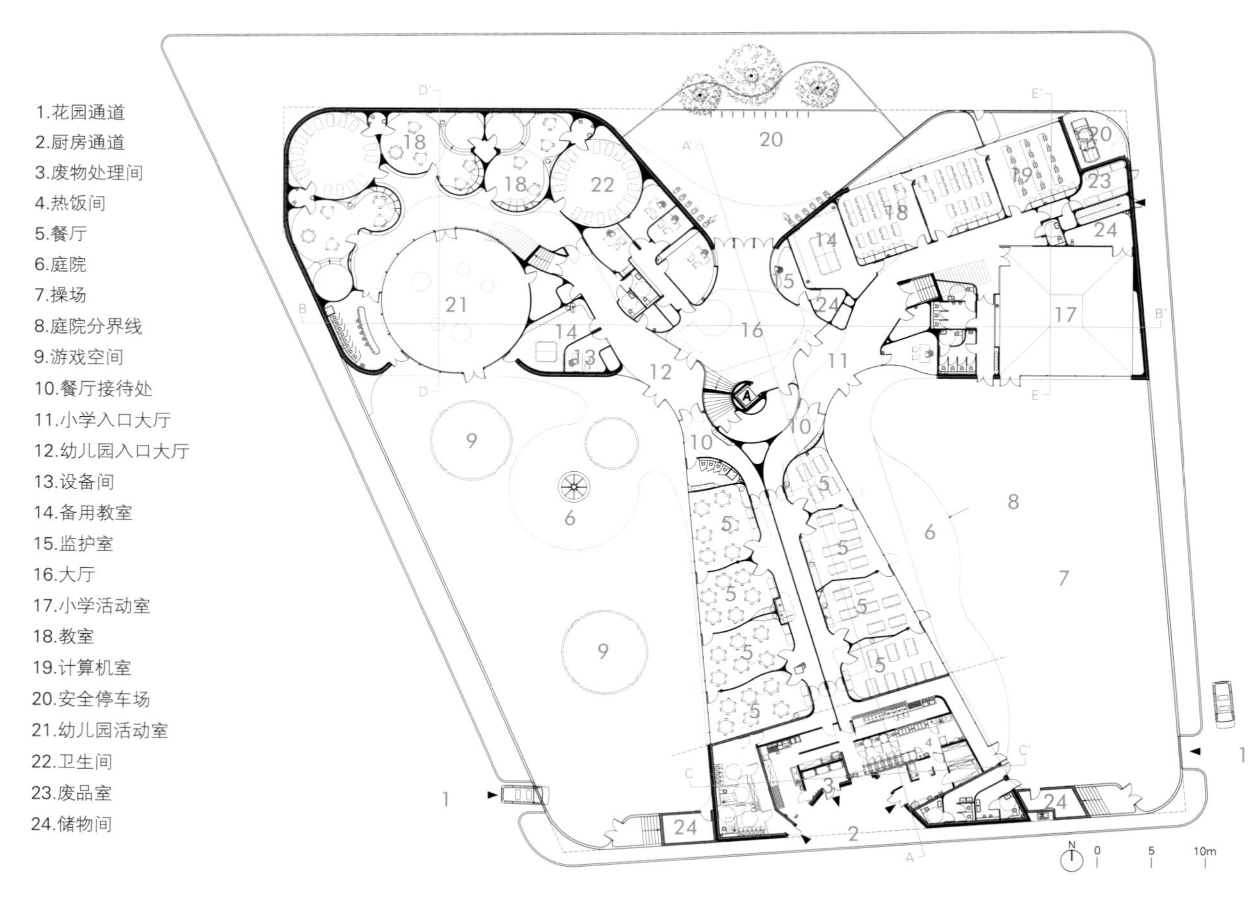
1.花园通道
2.厨房通道
3.废物处理间
4.热饭间
5.餐厅
6.庭院
7.操场
8.庭院分界线
9.游戏空间
10.餐厅接待处
11.小学入口大厅
12.幼儿园入口大厅
13.设备间
14.备用教室
15.监护室
16.大厅
17.小学活动室
18.教室
19.计算机室
20.安全停车场
21.幼儿园活动室
22.卫生间
23.废品室
24.储物间
0
5
10m

一层平面图

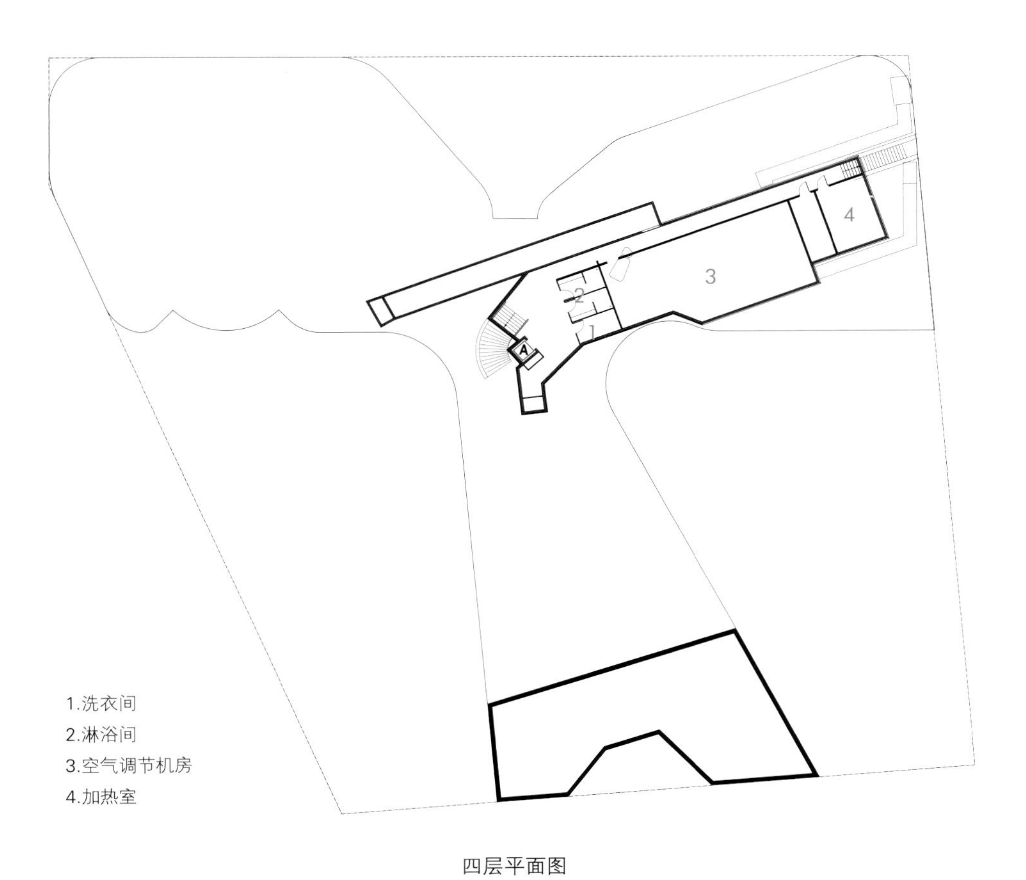

四层平面图

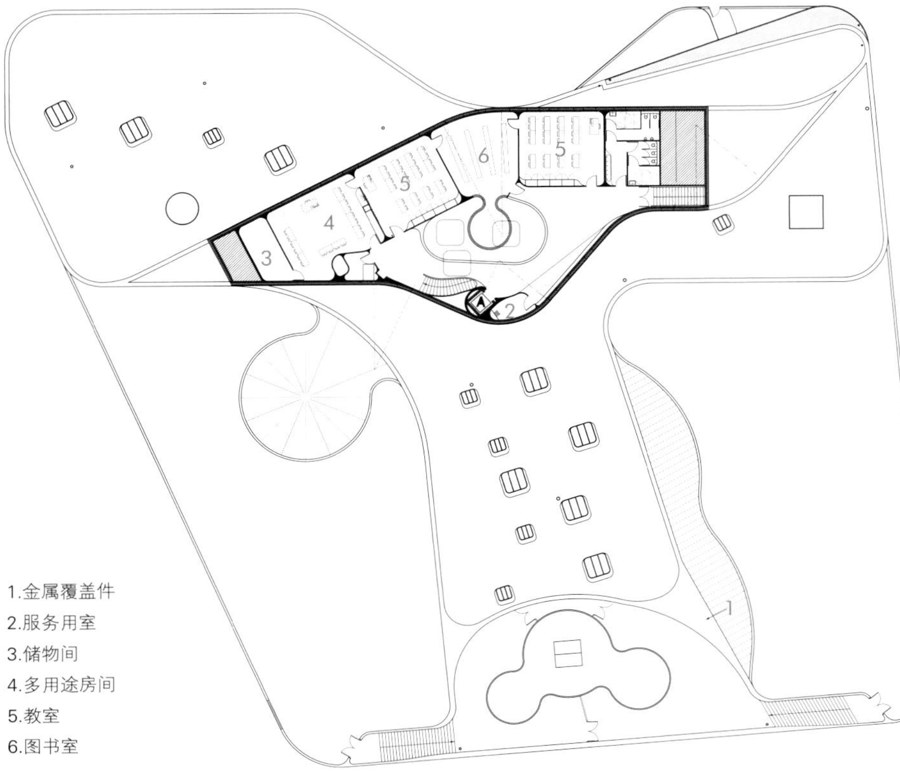

1.金属覆盖件
2.服务用室
3.储物间
4.多用途房间
5.教室
6.图书室

三层平面图

HUILONG SHAN KINDERGARTEN

回龙山幼儿园

地 点：浙江，长兴
基地面积：7 920 m^2
建筑面积：5 936 m^2
业主：长兴郦城建设开发有限公司
建 筑 师：傅筱、陆蕾、潘幼建、施琳
设计团队：陆春、岳海旭、刘泽超、李文凯、尤伟、李天骄、董贺勋、赵越、肖玉全、陈辉军、倪蕾、刘洋、施建波、马明明、朱小韦、李悦
设计单位：南京大学建筑规划设计研究院有限公司 / 集筑建筑工作室
摄影：侯博文

设计师通过长兴县回龙山幼儿园探讨这样一个问题——在中国“部分空间、部分时间”运行能耗模式下，如何将被动式设计策略（采光、通风、遮阳等）与建筑空间形体整合起来，为幼儿创造一个健康宜人的内外空间环境。

项目位于浙江长兴县回龙山新区溪源路以西，基地地势平坦，地块狭长，南向面宽小，用地十分紧张，属于典型的中国幼儿园用地状况。为了缓解用地的紧张，设计将多个公共活动室集中布置在被称为“欢乐立方”的方盒子中。方盒子串联起各个班级活动单元，紧凑集中的布局让儿童获得更多的南向户外集中活动空间。方盒子布局节约用地的同时也带来了空间进深加大、采光通风不利的问题。设计利用“两个对角窗、抬起的屋顶、两个错位排列的角窗、可窥视的天窗”等办法回应气候，实现被动式节能，结合计算机分析，在解决方盒子采光通风问题的同时提升了空间品质。上述工作需要在概念阶段完成，然后在方案调整阶段深化，这是一种结合了设计经验、计算机性能模拟校正、空间品质整合的设计方法。

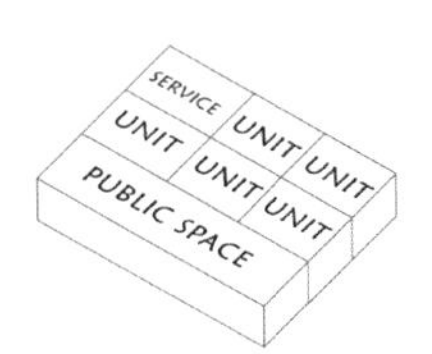

用地与建筑体量

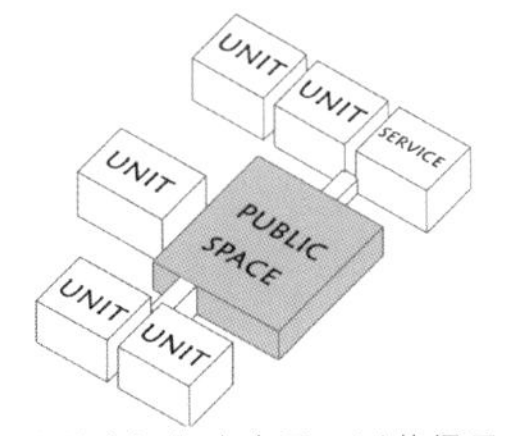

公共空间集中布局，以获得尽可能多的户外集中活动场地

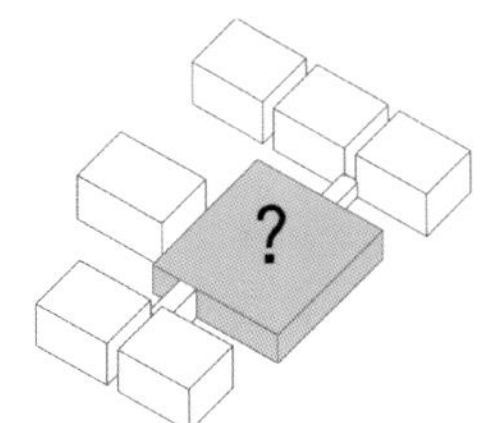

公共空间集中布置带来通风不利

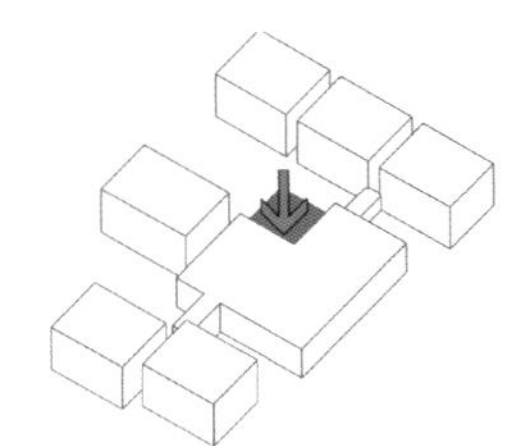

局部降低满足日照，形成角窗，解决采光通风

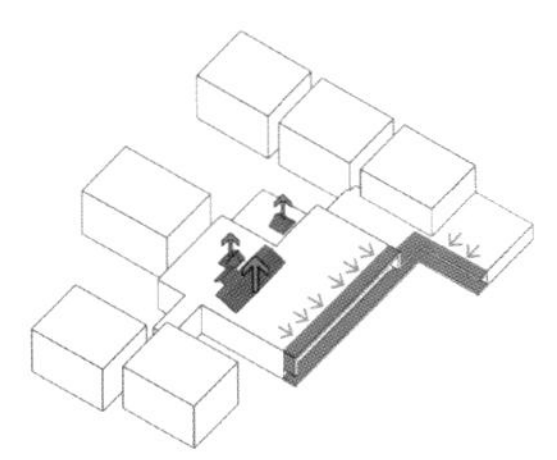

抬起的屋顶、错位角窗进一步优化采光通风

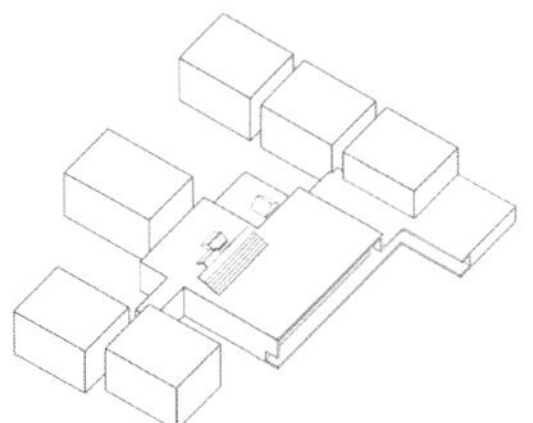

形体完成

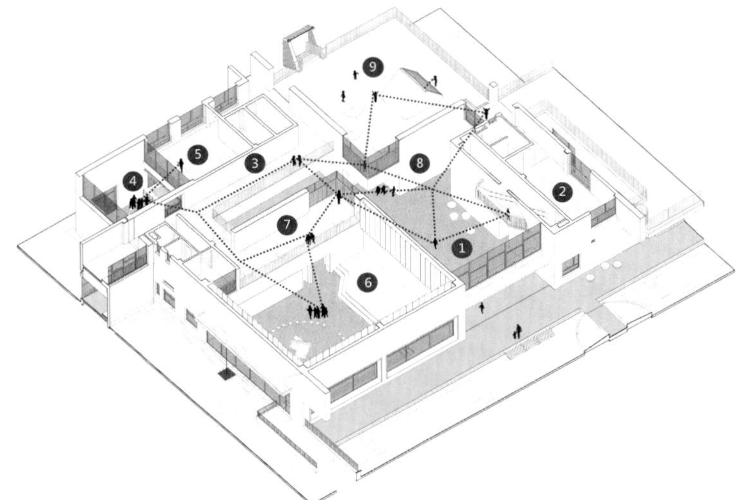

1.门厅空间
2.科探空间
3.中庭空间
4.游戏空间
5.绘画空间
6.音体空间
7.作品展览
8.阅览空间
9.室外平台

欢乐立方

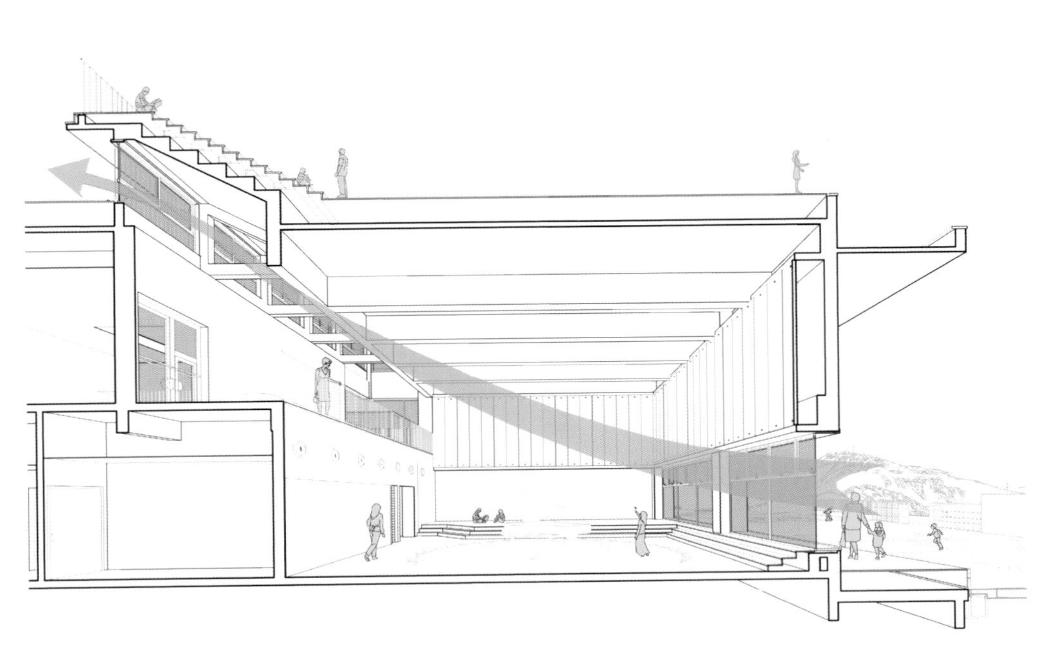

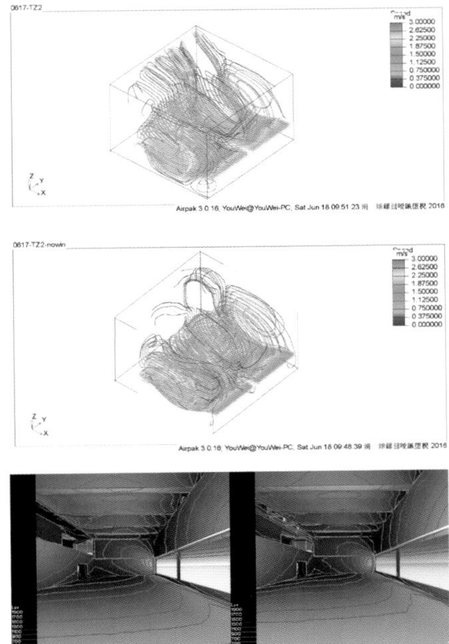

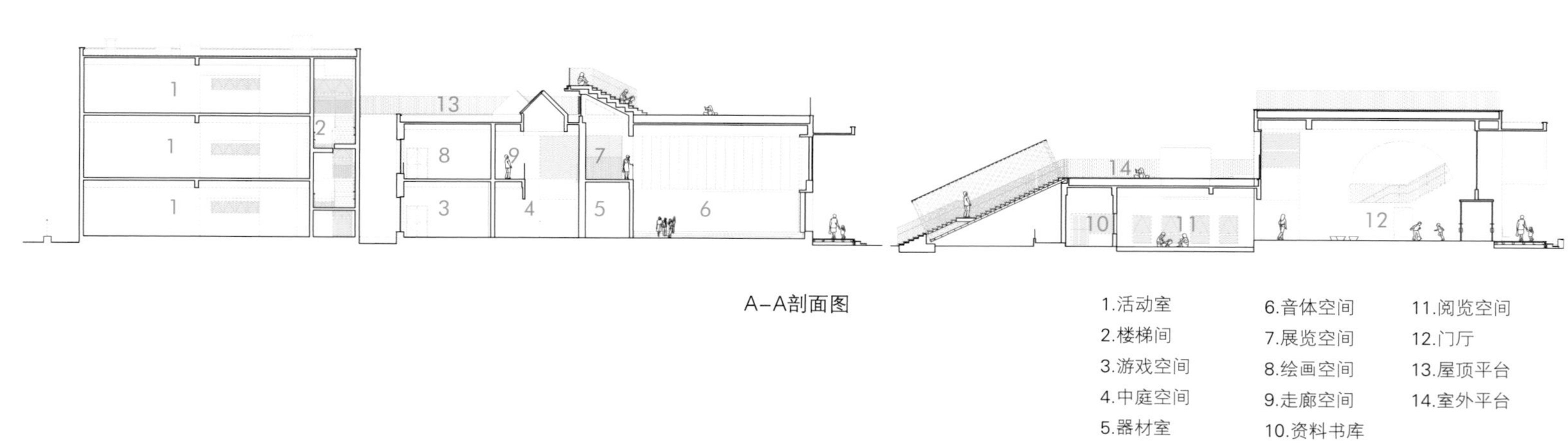

A–A剖面图

1.活动室
2.楼梯间
3.游戏空间
4.中庭空间
5.器材室
6.音体空间
7.展览空间
8.绘画空间
9.走廊空间
10.资料书库
11.阅览空间
12.门厅
13.屋顶平台
14.室外平台

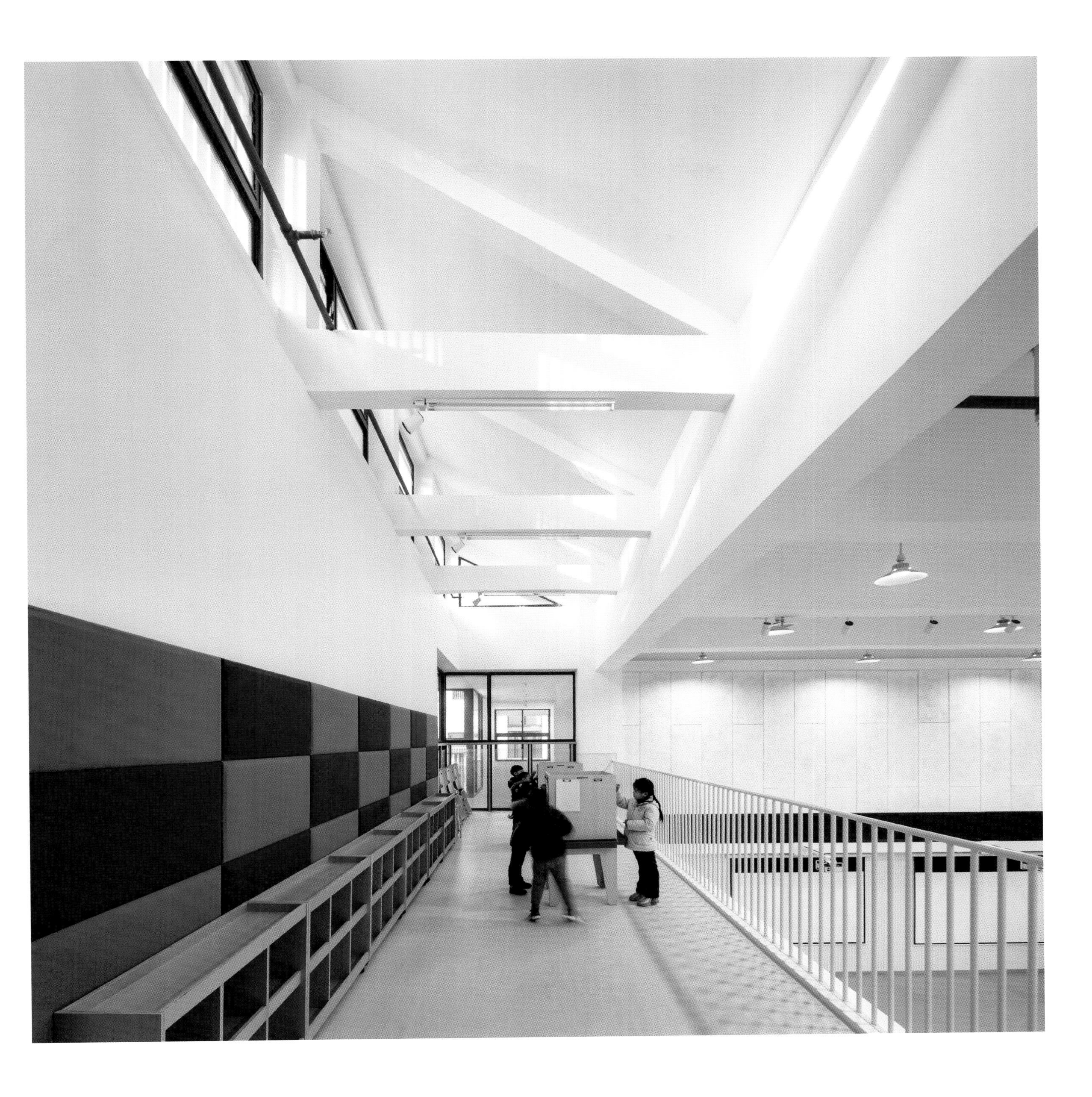

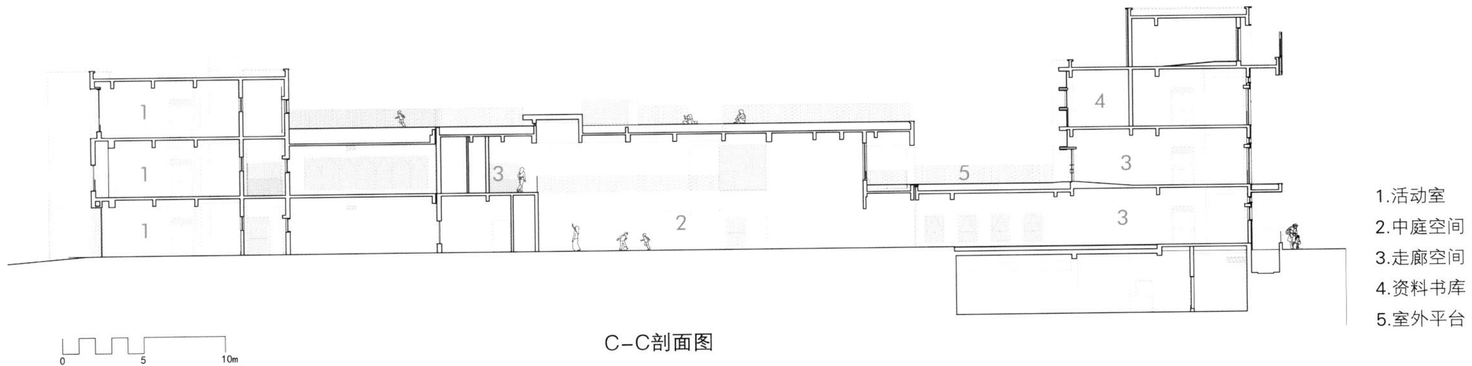

C–C剖面图

1.活动室
2.中庭空间
3.走廊空间
4.资料书库
5.室外平台

TAXI
TAXI

回味幸福时刻

SUZHOU BAY EXPERIMENTAL PRIMARY SCHOOL AND NURSERY

苏州湾实验小学及幼儿园

地点：江苏，苏州
面积：70 000 m^2
主设计师：张应鹏、黄志强、钱舟、谢磊
设计单位：苏州九城都市建筑设计有限公司

本项目两块用地均呈南北进深小、东西面宽大的特点，对设计师而言是一个不小的挑战。设计师的策略是对小学部的各功能区进行重构与整合，从西到东划分成普通教学区、专业教学区、食堂、报告厅、体育馆、综合楼以及 400 m 标准运动场等区域。各区域之间通过风雨廊、中庭、多功能通道等加以连接，共同形成学校综合体；幼儿园位于小学的西北角，从西到东分成以食堂为主的生活区、教学区和公共活动区。

学校的公共空间位于校园入口等核心位置，并紧邻主要的交通空间，以空间优先的方式强调素质教育的地位与特点；幼儿园在入口设置了一个非功能性空间（中庭）：彩色的台阶、通透的采光屋顶、充满童趣的内墙共同组成可供小朋友感知、感悟的建筑空间。

无论是幼儿园还是小学，每到上学、放学的时间，接送孩子的家长都会形成一道引人注目的“风景线”。设计师在小学、幼儿园的主入口处均设计了可供家长休息等待的空间，让家长们可以在这里相互交流，也可实时了解学校发布的各种信息，促进家庭与学校之间的良性互动；同时，还设置了位于地块中央的多功能通道，既有助于解决家长车辆的拥堵，又能够为全校性活动的开展提供场所。

总而言之，设计师运用城市设计手段，充分考虑地区特征和现状环境特征，通过加强景观风貌设计，塑造出了一组具有鲜明标志个性和现代化时代气息的学校建筑。

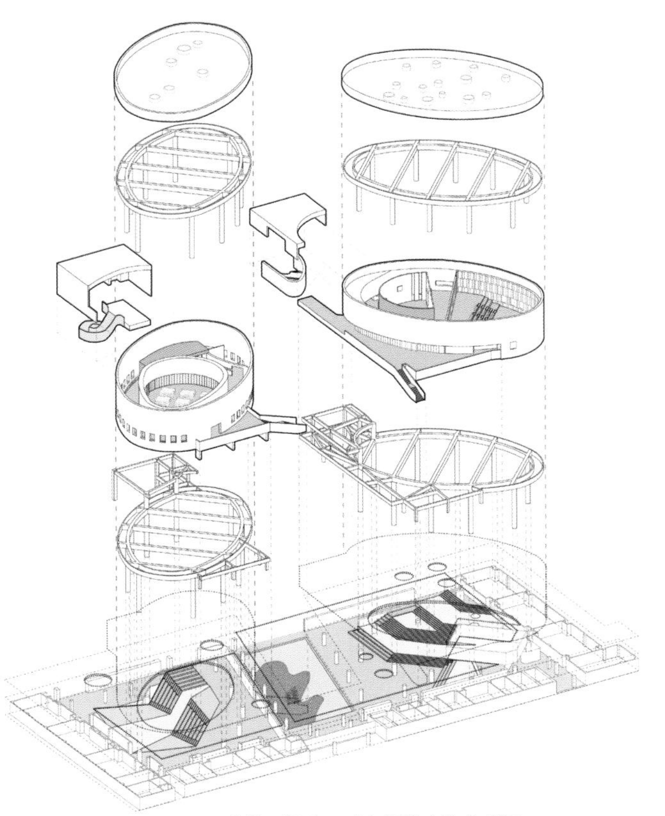

图书馆、报告厅“空间投射”分析图

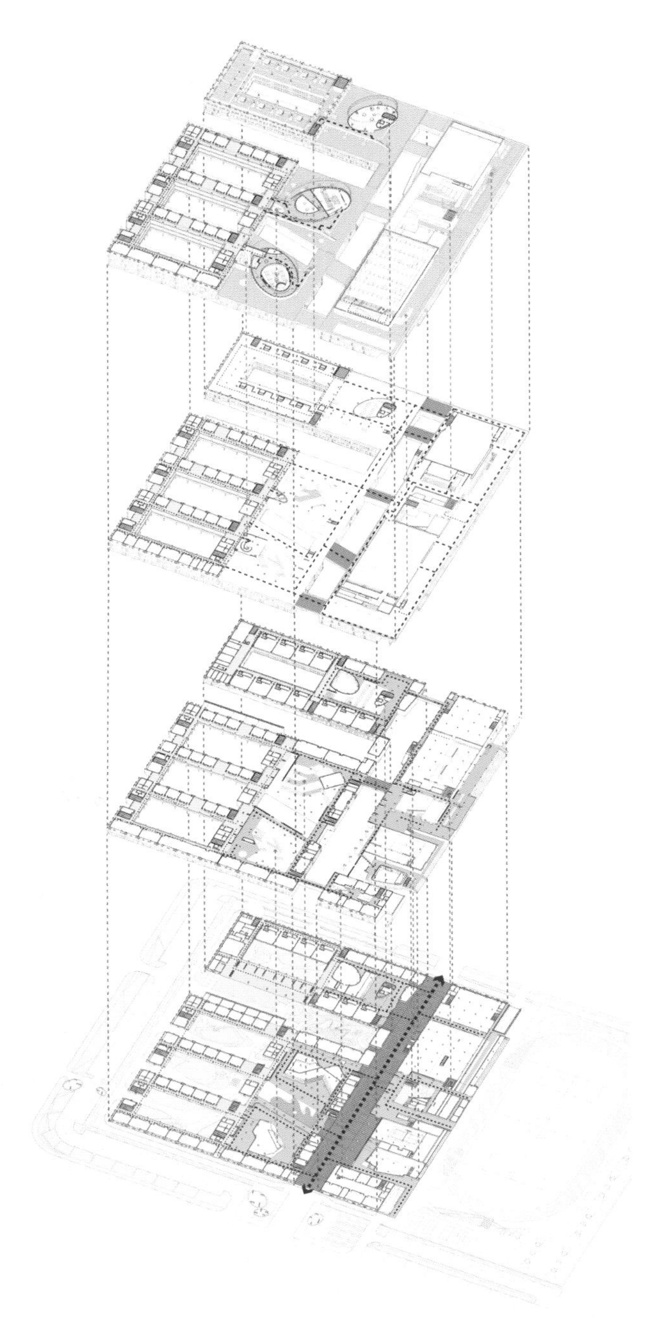

交通网络分析图

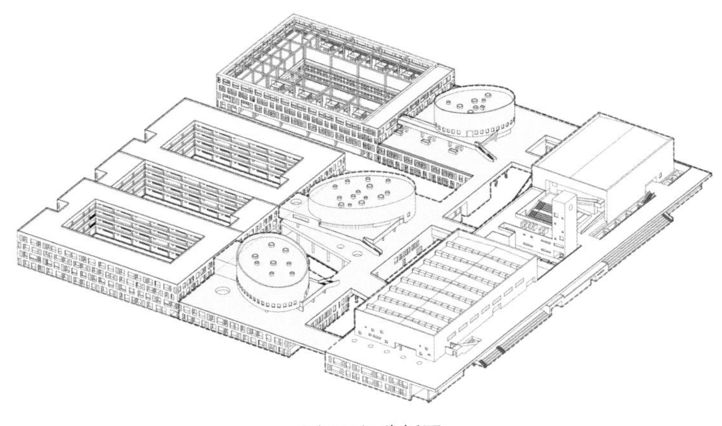

空间层级分析图

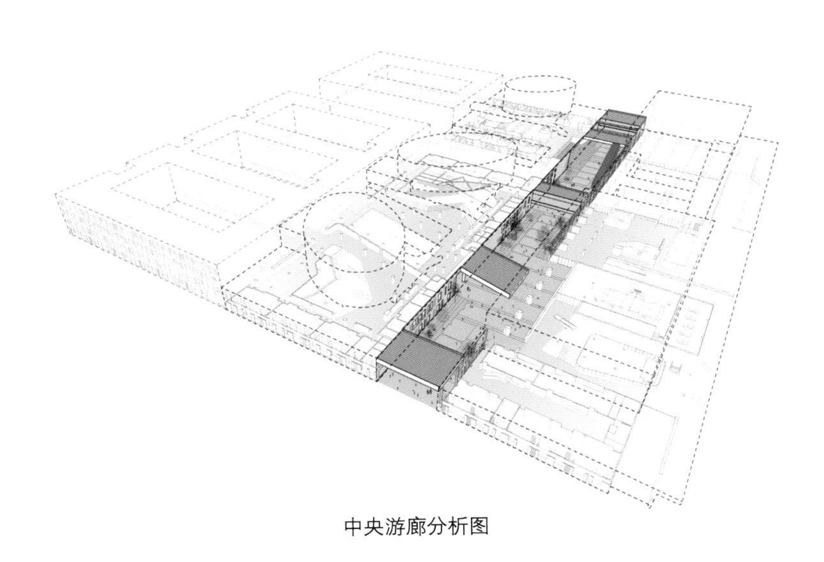

中央游廊分析图

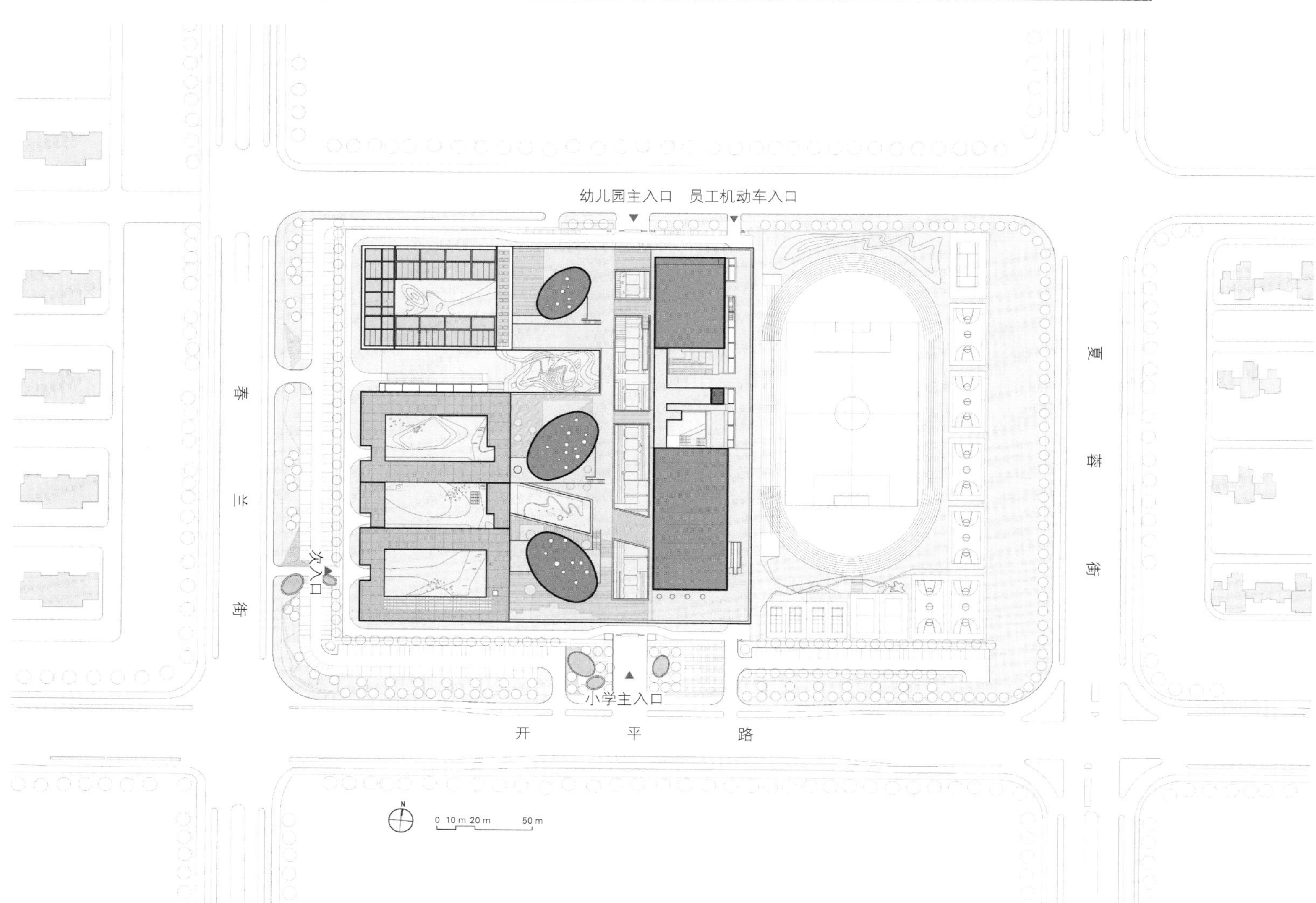

总平面图

坚持
独立
进取

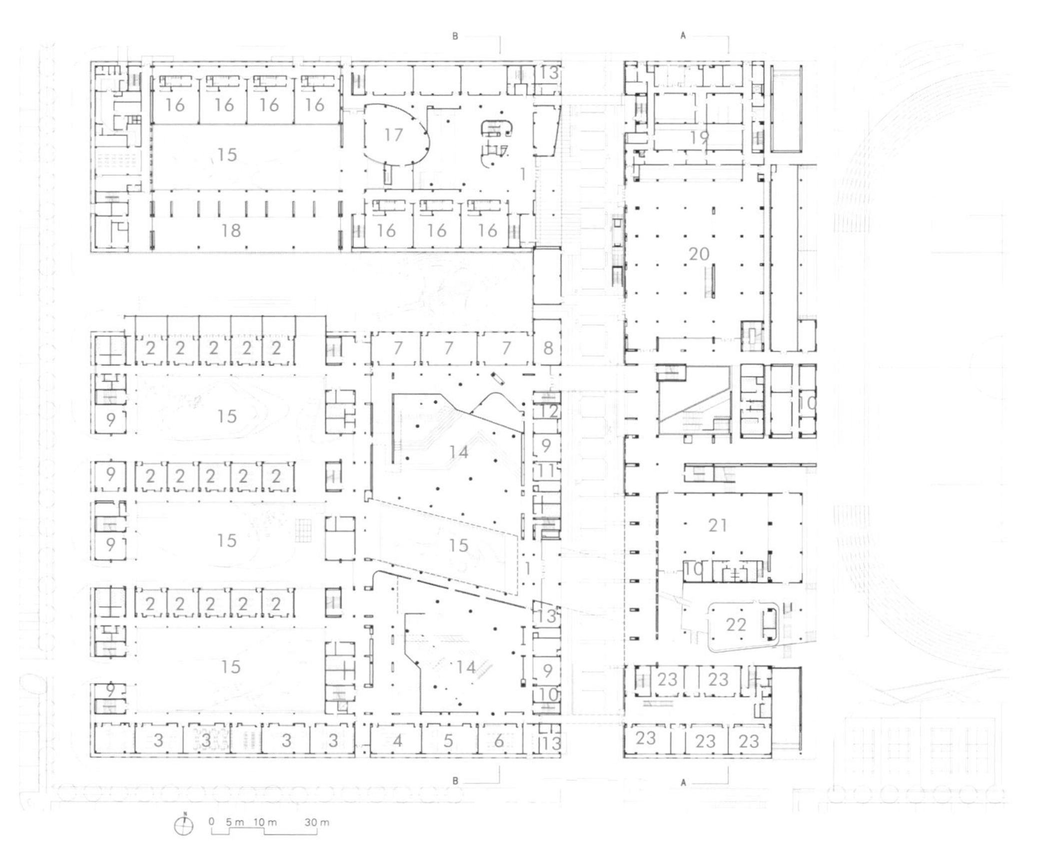

一层平面图

1.入口门厅
2.普通教室
3.科学实验室
4.泥塑实践室
5.手工实践室
6.书法教室
7.计算机房
8.电教室
9.办公室
10.工具间
11.录音棚
12.广播中心
13.值班室
14.中庭
15.室外庭院
16.休息活动室
17.多功能厅
18.半室外活动区
19.厨房
20.学生餐厅
21.训练馆
22.舞蹈室
23.美术教室

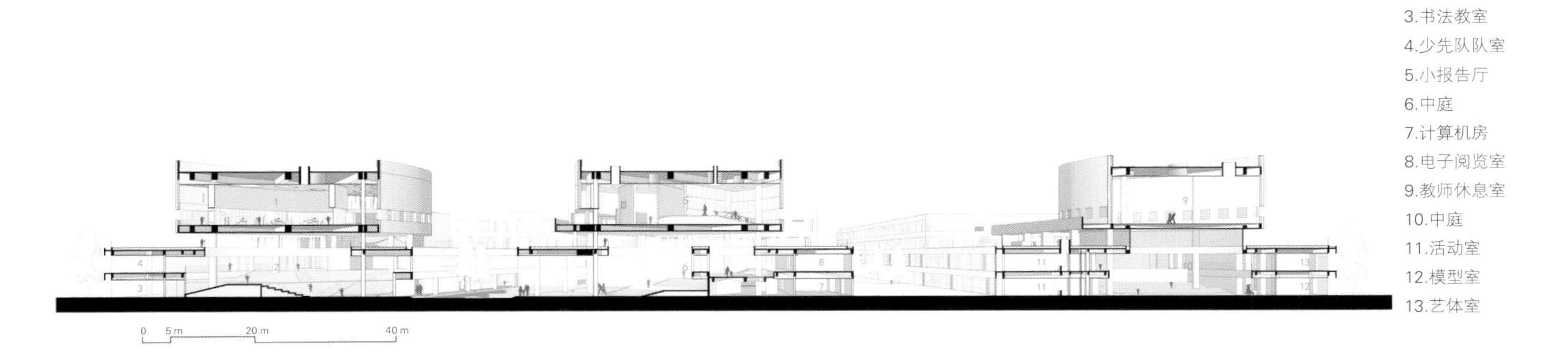
1.阅览室
2.中庭
3.书法教室
4.少先队队室
5.小报告厅
6.中庭
7.计算机房
8.电子阅览室
9.教师休息室
10.中庭
11.活动室
12.模型室
13.艺体室
0 5 m 20 m 40 m

B–B剖面图

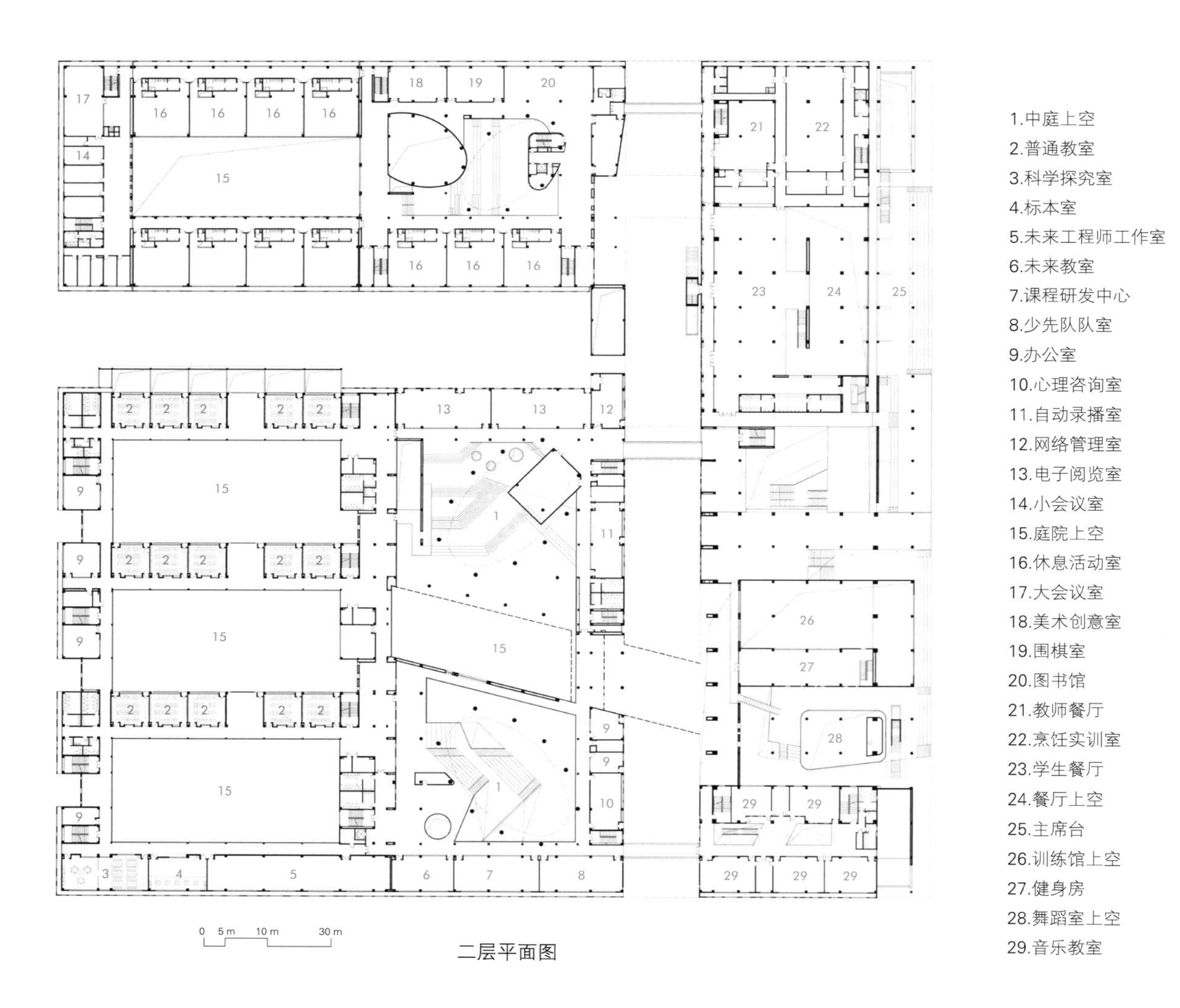

二层平面图

1.中庭上空
2.普通教室
3.科学探究室
4.标本室
5.未来工程师工作室
6.未来教室
7.课程研发中心
8.少先队队室
9.办公室
10.心理咨询室
11.自动录播室
12.网络管理室
13.电子阅览室
14.小会议室
15.庭院上空
16.休息活动室
17.大会议室
18.美术创意室
19.围棋室
20.图书馆
21.教师餐厅
22.烹饪实训室
23.学生餐厅
24.餐厅上空
25.主席台
26.训练馆上空
27.健身房
28.舞蹈室上空
29.音乐教室

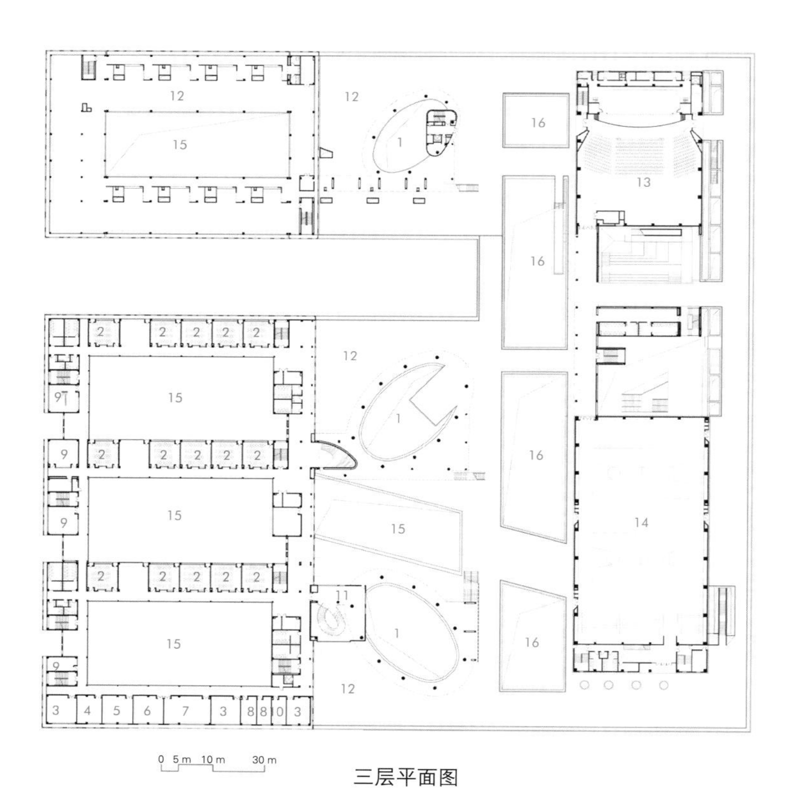

三层平面图

1.中庭上空 2.普通教室 3.接待室 4.教科室 5.德育处 6.教务处 7.行政会议室 8.副校长室 9.办公室 10.校长室 11.阅览室门厅 12.屋顶活动平台 13.报告厅 14.风雨球场 15.庭院上空 16.通道上空

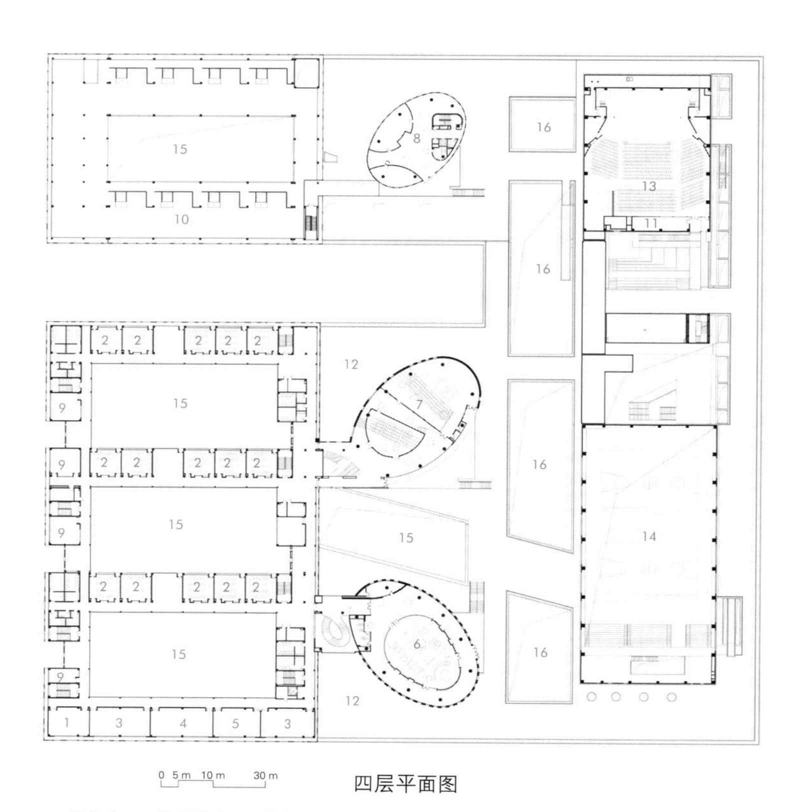

四层平面图

1.档案室 2.普通教室 3.会议室 4.党团活动室 5.工会团委室 6.阅览室 7.小报告厅 8.教师办公室 9.办公室 10.屋顶活动场地上空 11.放映室 12.屋顶活动平台 13.报告厅 14.风雨球场上空 15.庭院上空 16.通道上空

Space for

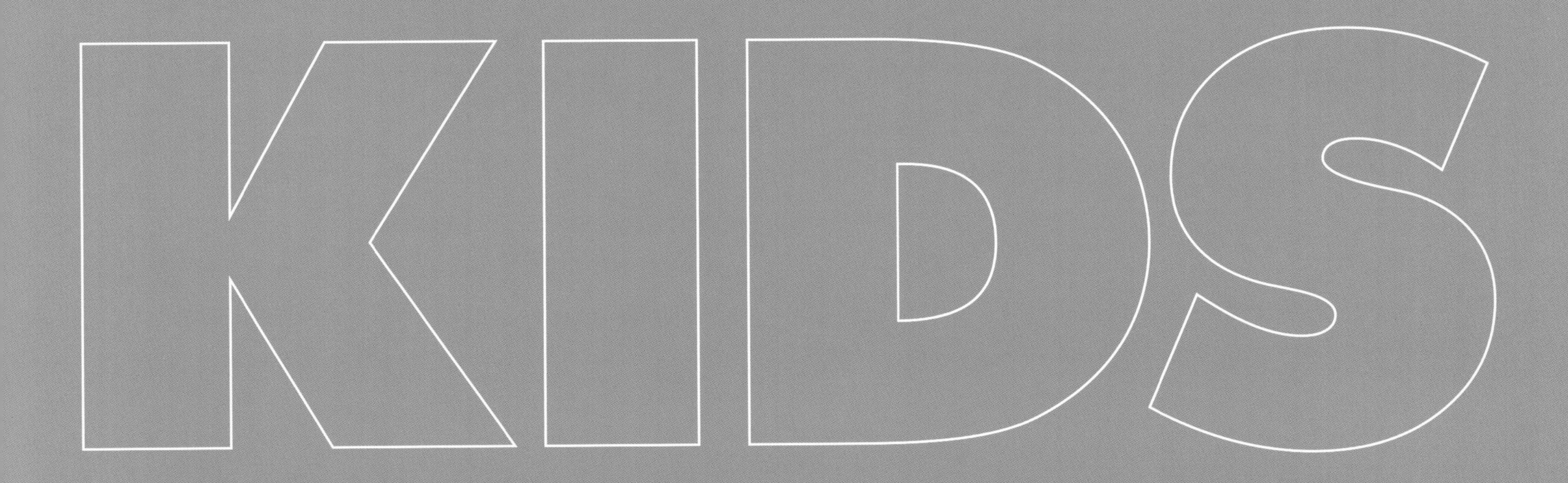

Commercial Space

商业空间

NEVERLAND RESTAURANT

梦幻岛餐厅

地点：河北，秦皇岛北戴河阿那亚园区
面积：1 000 m^2
主持建筑师：闵而尼、俞挺
项目建筑师：俞挺
项目建筑师助理：潘大力
室内项目设计师助理：孙悟天
设计团队：穆芝霖
灯光照明顾问：张晨露、秦澄懿
设计单位：Wutopia Lab
摄影：CreatAR Images
撰文：俞挺

梦幻岛餐厅位于阿那亚园区会所的一翼，两层的总面积近1 000 m^2。建筑师重新规划了功能流线，把入口大厅放在二层，由室外楼梯直接进入。二层用作自助用餐大厅以及包间。人们可以通过弧形大楼梯进入一层星空笼罩下的游戏大厅。一层设有一个利用边角空间形成的绘本馆。人们还可以进入户外平台，由一个楼梯通向餐厅的标志构筑物——屋顶上的红色飞屋。明黄色作为功能流线的线索，把这些空间串联了起来。

建筑师从一开始就不想把项目局限在室内设计，而是把原来的物理边界视为成人的偏见。考虑到阿那亚园区的建筑都遵循建筑学的材料真实原则，建筑师决定消解材料的物性，在具体的物理空间中创造一种失去材料质感和空间指向的场所。于是他想起到了泡泡，因为它无色透明，会折射彩虹，稍纵即逝，无法捉摸，但孩子们乐此不彼。儿童餐厅就应该是这样一个无尽头的世界，无忧无虑。

建筑师先用聚碳酸酯板在一个混合了草原别墅和当代Art' Deco（装饰派艺术）、高尔夫乡村会所风格的立面前形成一道半透明的新立面。被聚碳酸酯板过滤过的光线非常柔和，也很不真实。

建筑师用三层聚碳酸酯板搭建了两个包房，又在最主要的方形空间中用磨砂 PVC 管围合了一个圆形空间，这就是主要的用餐大厅。密密麻麻的 PVC 管在发光顶棚柔和的光照下，仿佛光的森林。这森林背后是门厅、厕所、备餐间、取餐台以及进入一层的弧形明黄色大楼梯。

接着，建筑师用 PVC 空心球、玻璃纤维布、塑料海洋球，人造石和地胶为孩子们打造了一个游乐场。和二层柔和明亮的用光不同，顶棚仿佛是星空。

主要空间的边缘隐藏着厕所、镜池、不锈钢的滑梯、蹦床、泡泡树以及一个神秘的绘本区。它们是这个新世界的角落，需要顾客自己去发现。

整个餐厅的点睛之笔是屋顶上用双层穿孔铝板搭建的红色飞屋。沿着黄色的线索，经过一个不锈钢的水面，绕过泡泡树，曲折地走向屋脊，光线越来越亮。它是一个想象力宣言，在整个园区中闪闪发亮。

这就是梦幻岛餐厅，它化解了梦境与现实之间的冲突，创造了一种带有超越性的真实。

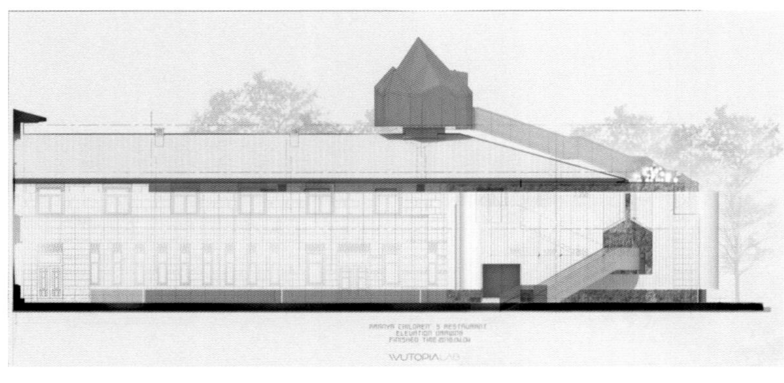
WUTOPIALAB

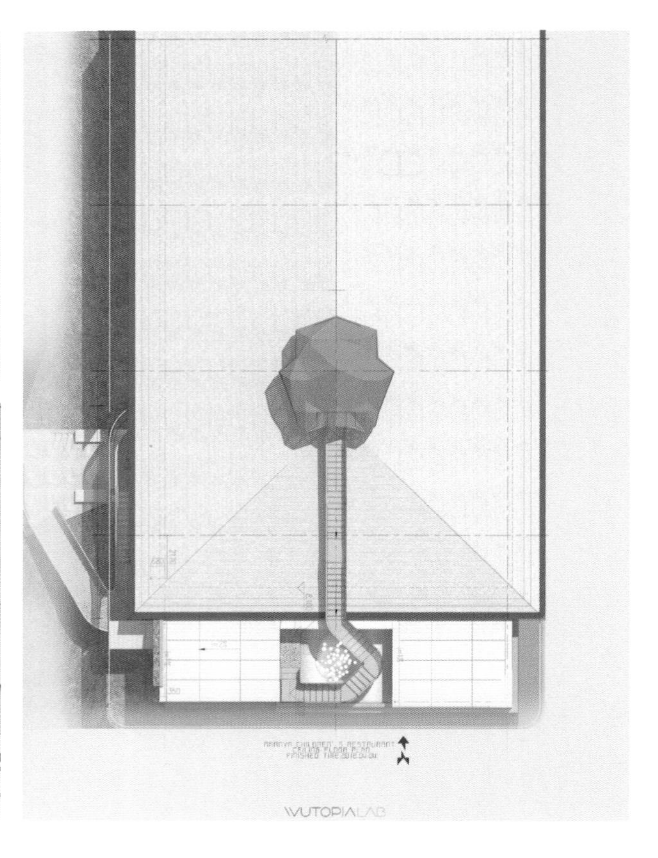
WUTOPIALAB

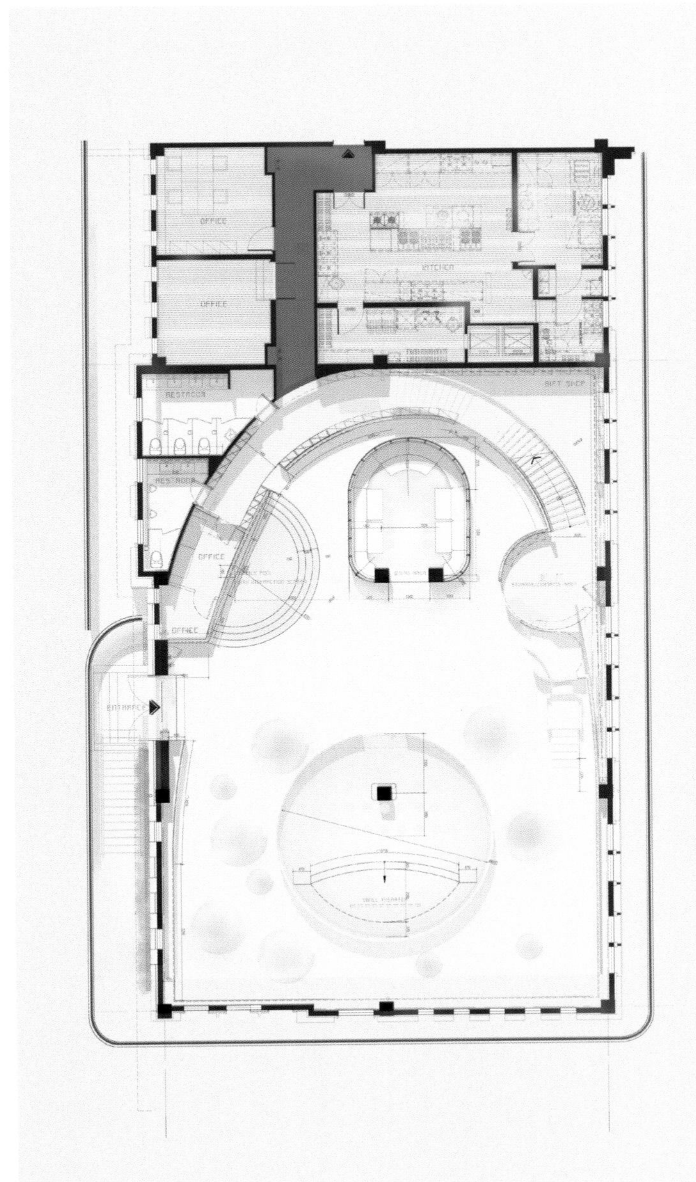

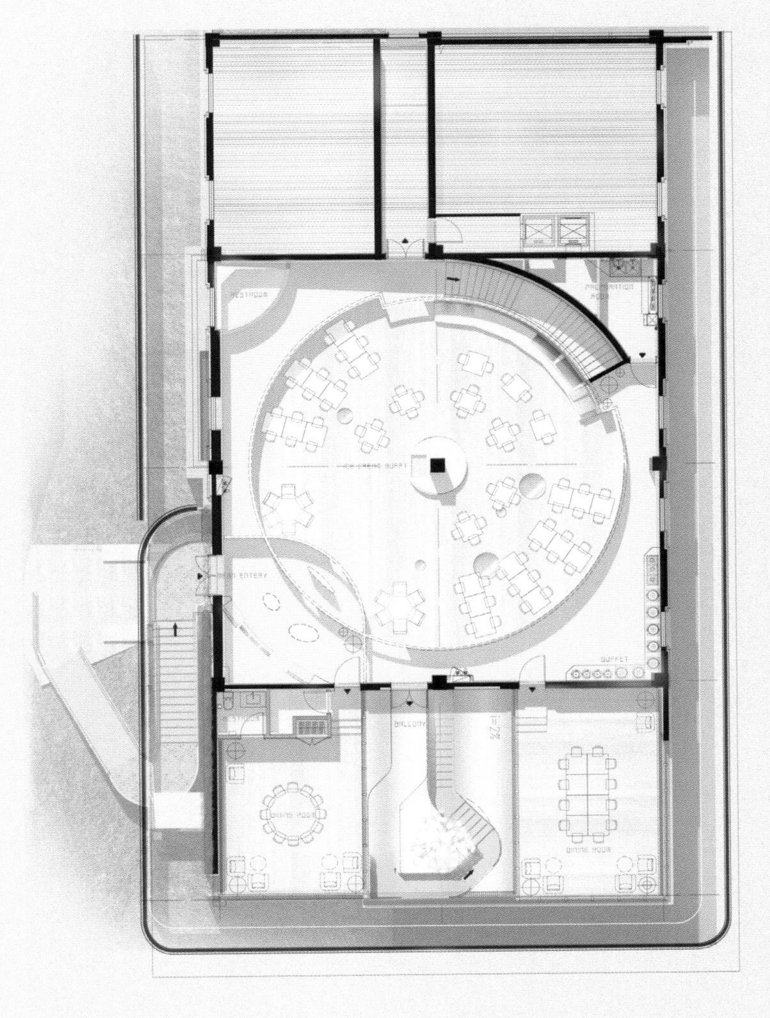

HANGZHOU NEOBIO FAMILY PARK

杭州奈尔宝家庭中心

地点：浙江，杭州
建筑面积：8 000 m²
主设计师：李想
设计团队：任丽娇、陈雪、钱慧兰、范晨、潘行超
设计单位：唯想国际
摄影：邵峰

项目坐落在杭州星光大道二期临江面单元的一层，开发商为此清退了一层原有的轻奢类品牌，并支持奈尔宝家庭中心使用其一层的中庭空间。

考虑到项目位于杭州临江边，设计师从杭州的自然风光得到启发，去思考空间场景的构图。因商场本身的建筑格局而定，奈尔宝家庭中心结合对孩子年龄层及相应的行为方式分析，划分为几个空间区域，以适应亲子活动中除娱乐以外的教育、休憩等行为。通过合理的动线，各区域被串联起来，成为寓教于乐、一体化的综合性亲子场所。

第一区域：图书区。设计师借用彩虹与云朵的关系渲染雨过天晴的绚丽景象，用抽象的构图满足书架的功能要求，并且为孩子们准备了可以用来爬高、钻洞的趣味空间。

第二区域：职业体验馆区。设计师用抽象化的石头城镇来营造一个属于孩子的虚拟城镇。

第三区域：综合休息餐厅与娱乐区。此区域位于商场的中庭位置。为了使二层及以上楼层的商场消费者可以直接观赏到这一区域，设计师大胆地把设计叠加到3层的高度，使一层空间的使用者与其他楼层的消费者能够进行视线互动。中庭位置充满创意的设计，为这个原本平淡乏味的空间注入了充沛的活力，也为整个商场带来了别样的体验感。设计采用阳伞作为构图的主要元素，使空间更具视觉张力。旋转木马和其他休闲座位的设置，又增添了几分浪漫的气息。

由于项目本身定义为亲子活动中心，设计师着意增加了多处玩水区域及聚会空间，为顾客开展各类活动预备了丰富的空间类型。主动线与分动线的处理不仅使空间使用效率更佳，也有效地延展了空间的体验性。

值得一提的是，其中的家具和灯具都是设计师为本项目定制设计和加工生产的，确保了色彩、尺度和美学上的整体性。

由此，这间活力非凡的家庭中心对整个商场的运营也产生了积极的影响。

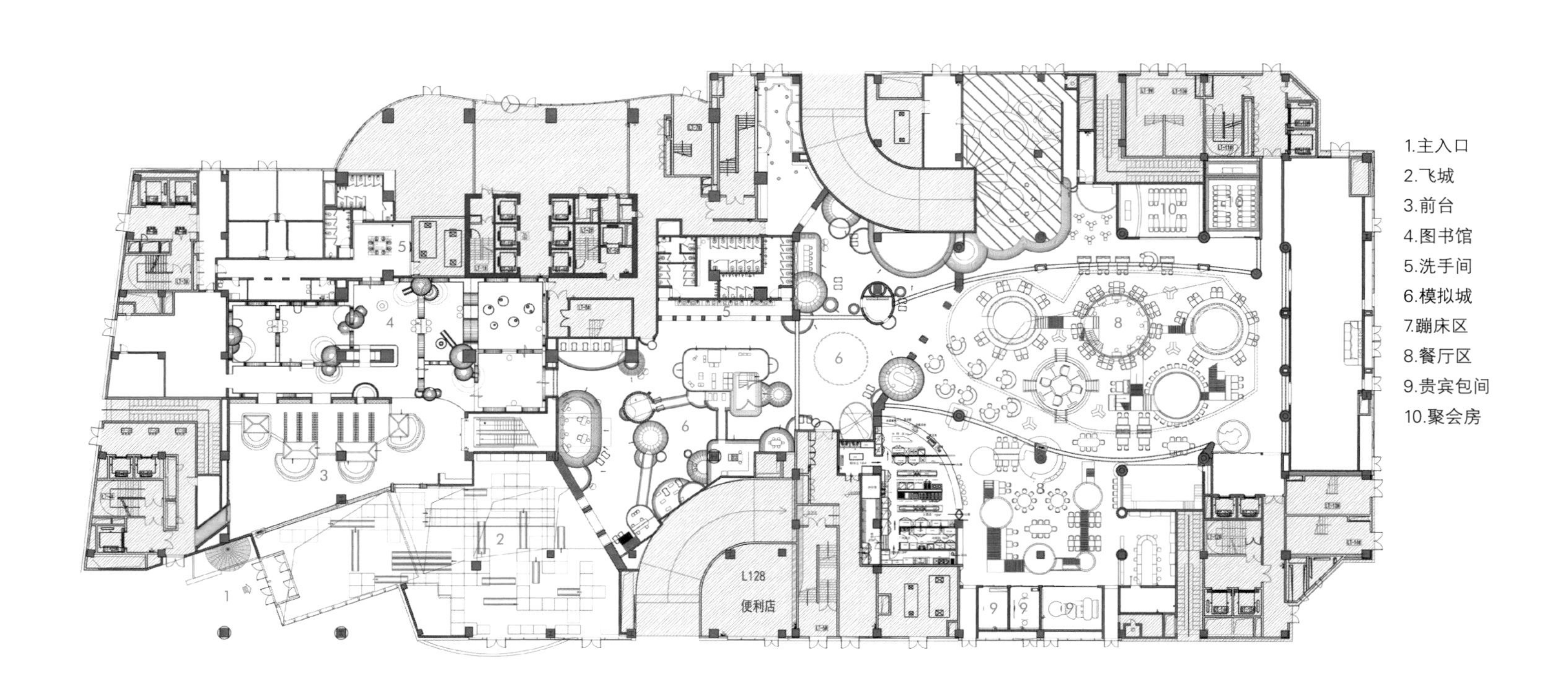

FILA

SUPER
MARKET

SHANGHAI NEOBIO FAMILY PARK

上海奈尔宝家庭中心

地点：上海
面积：3 000 m^2
主设计师：李想
设计团队：任丽娇、刘欢、Justin CHEW、范晨
设计单位：唯想国际
原创家具：XIANGCASA
摄影：邵峰

上海奈尔宝家庭中心位于上海市闵行区都会路，分布在两栋欧式建筑内。

由主入口进入，人们首先看到的是一片高低错落的小树林以及起伏的山丘。这些山丘、小树林组成了图书区的书架，也是孩子们玩躲猫猫的最佳场所——他们可以钻进每一个树洞，独享一片小天地。设计师营造出了一个轻松、自由的读书环境，临近“小树林”的沿窗位置也为家长提供了一个休闲读书环境。

由海洋球池楼梯上楼便进入了模拟城，这里就是一个“微缩城市”，拥有马路、斑马线、路灯等。中间一栋 3 层的小房子被分成左右两边，里面设置了迷你邮局、加油站、迷你超市和小医院等，还有孩子们最喜欢的过家家场景。孩子们可以在这里下厨、梳妆、为小宝宝换尿布。当小朋友们在微缩的小城市里上上下下的时候，爸爸妈妈们可以在对面的休息平台上陪伴和观察。模拟城的最深处还设有一个公主装扮区，甚至连妈妈们也可以在这里做美甲！

从模拟城出发，经过一条长长的时空隧道，就到了年龄较大的小朋友特别喜欢的地方——各种各样的滑梯和攀爬架占满了整层楼，像一个巨大的迷宫。其中，一条 S 形的滑梯可以直接从二层滑到一层的餐厅区。

餐厅区设计了很多像热气球般悬挂着的游戏盒子，由透明的爬道串联起来，小朋友们可以在里面嬉戏玩闹。这些“盒子”的周围安排有用餐的位置，让家长们在就餐的同时能够看到自己的宝宝。餐厅区还准备了两个贵宾房，以提供给想要更私密空间的家庭。

乐园的地下室设置有供小朋友聚会的房间，有印第安风情、沙漠风情、地中海风情等主题。

大工地
树木
森林
世界

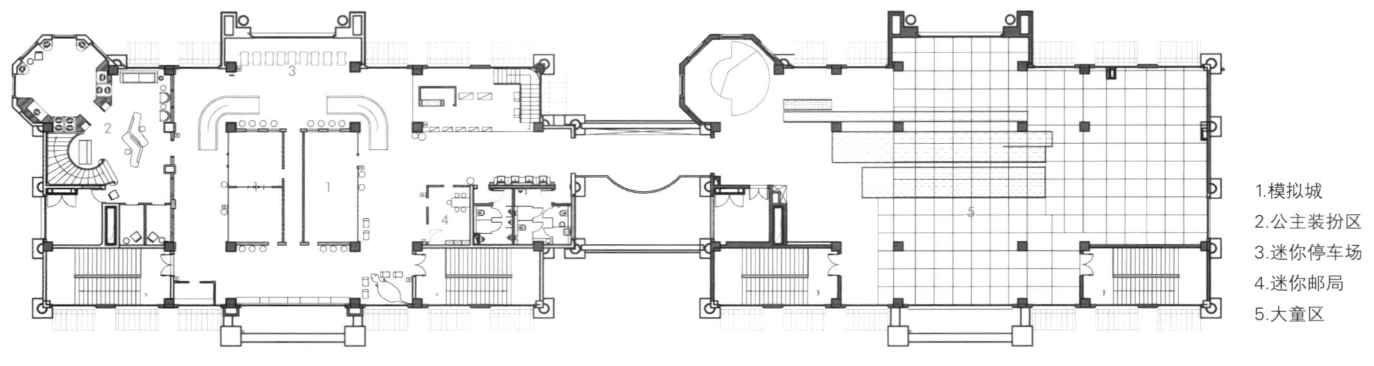

二层平面图

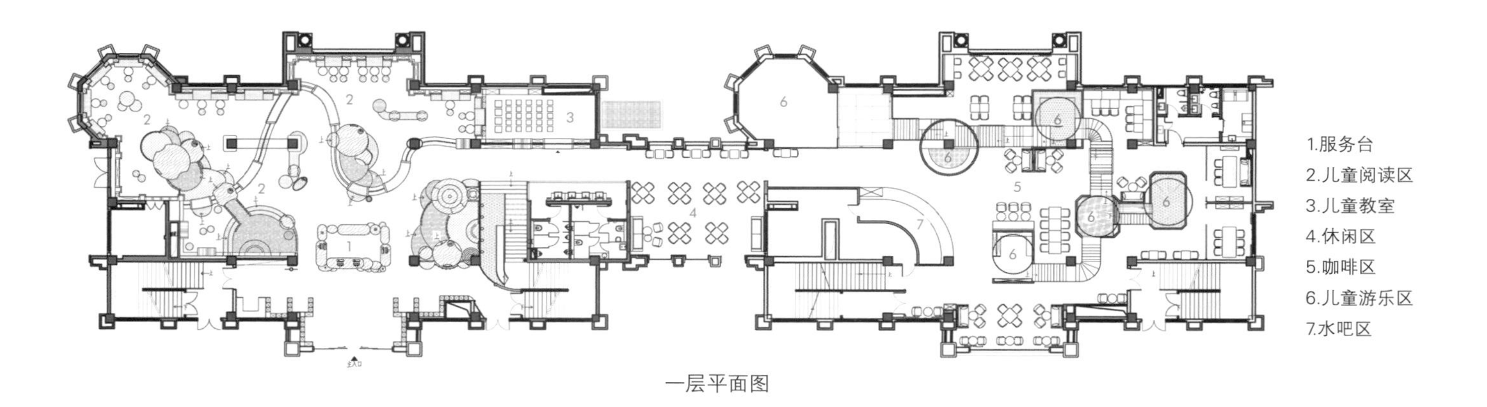

一层平面图

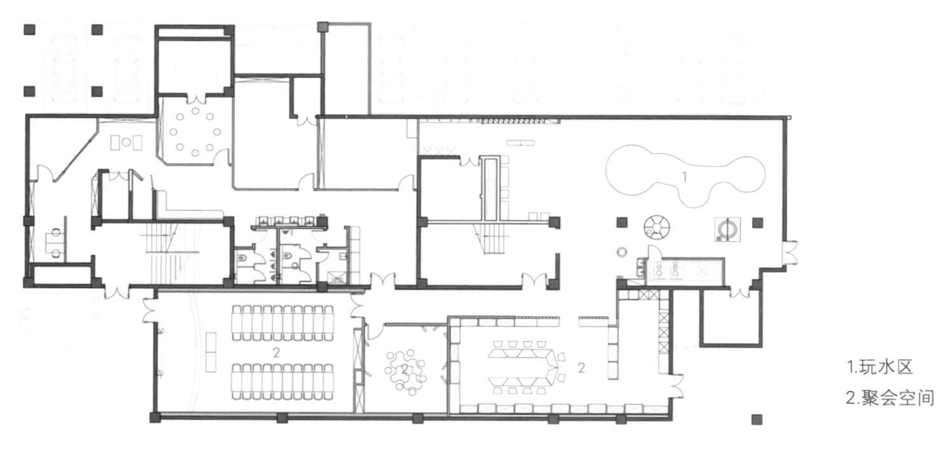

负一层平面图

Furniture
Furniture
儿童文学
儿童文学
儿童文学

DREAM LAND 3.0

童梦园享 3.0

地点：湖北，武汉
面积：680 m²
主设计师：张耀天
设计单位：上海浅深室内设计工程有限公司

益于建筑 9.7 m 的挑高，各种天马行空的奇思妙想都能够在这一梦幻般的乐园里得到实现。

整个游戏空间被分成三层，对应着丰富的游戏动线。孩子们进入场地游戏区后，首先需要选择自己的守护马，再选择适合自己的路线，然后穿越各个关卡，打败怪物，找回童心。

在空间的配色方面，设计师并未采用传统儿童游乐空间较为艳丽的色彩，而是重在把握室内的整体性，让它绚丽而不杂乱、丰富而又有序。

设计师从儿童的视角出发，以孩子的思维特征来理解空间，结合 IP（Intellectual Property，即知识财产，通常指适合二次或多次改编开发的影视文学、游戏动漫等）形象，将空间打造成更符合各年龄层次、为复合人群所喜爱的互动空间。

一层主要是服务区、换鞋储物区、卫生间等辅助空间。同时，整个一层也是适合 3 至 5 岁儿童的游乐空间，集合了攀爬、穿越、钻行等各类项目，让学龄前的孩子们能够通过各种游戏来更好地接触、认知这个世界。

二层主要服务于稍大一些的孩子，核心区域设置了巨型的爬网，在贴合 IP 故事主线的同时又增加了趣味性。三套不同高度的爬网能够充分激发孩子们的探索欲，让他们能够尽情地在其中攀爬、嬉戏。二层还设置了相对安静的活动区域，包括故事介绍区等，实现动静结合。通往三层的两处楼梯分别设置了不同的主题，其中，后区的彩色旋转楼梯似乎是要通往“云端”，带给孩子们无限的想象空间；前区的楼梯则结合穿插于整个建筑体的飞马造型，引导孩子们向上探索。

在三层，设计师利用建筑体 9.7 m 的挑高设置了整个空间最具有挑战性的“魔鬼”滑梯——孩子们可以从顶层一跃而下，顺着半透明滑梯直接到达底层，开展属于勇敢者的游戏。

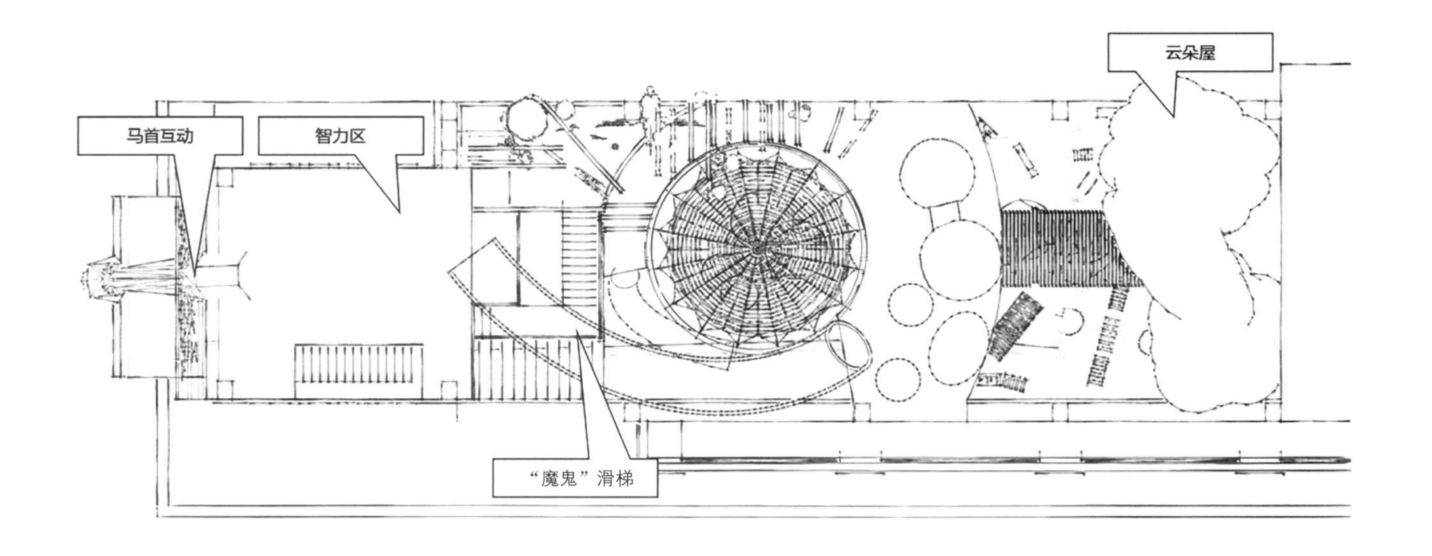
云朵屋
马首互动
智力区
“魔鬼”滑梯

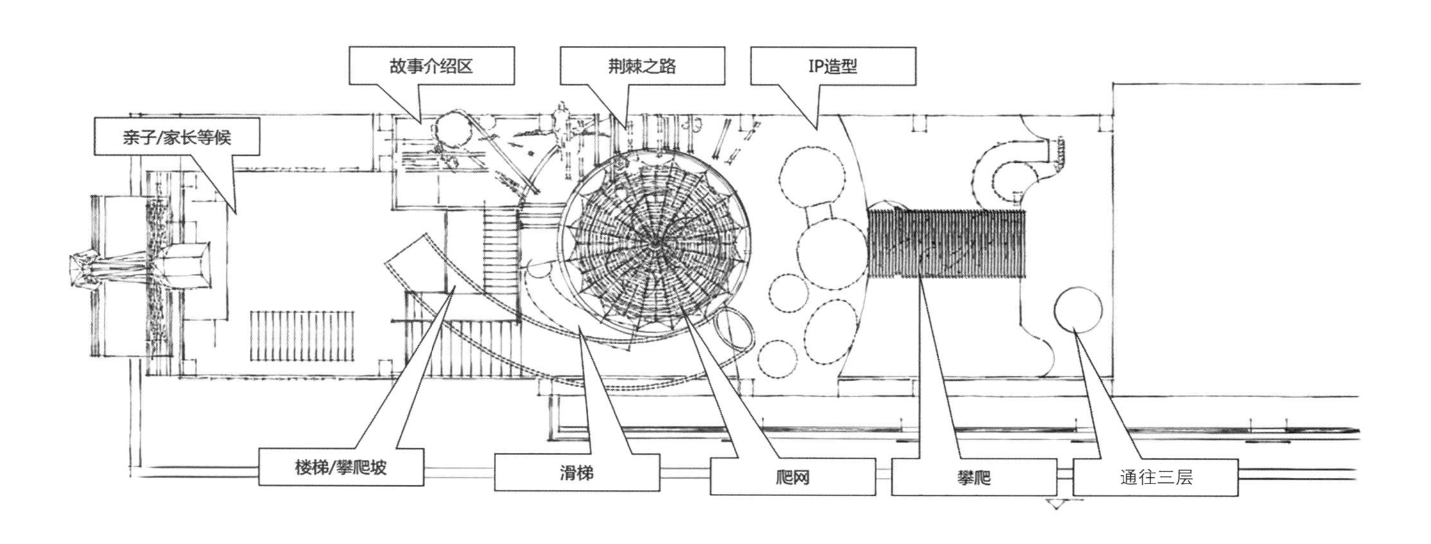
故事介绍区
荆棘之路
IP造型
亲子/家长等候
楼梯/攀爬坡
滑梯
爬网
攀爬
通往三层

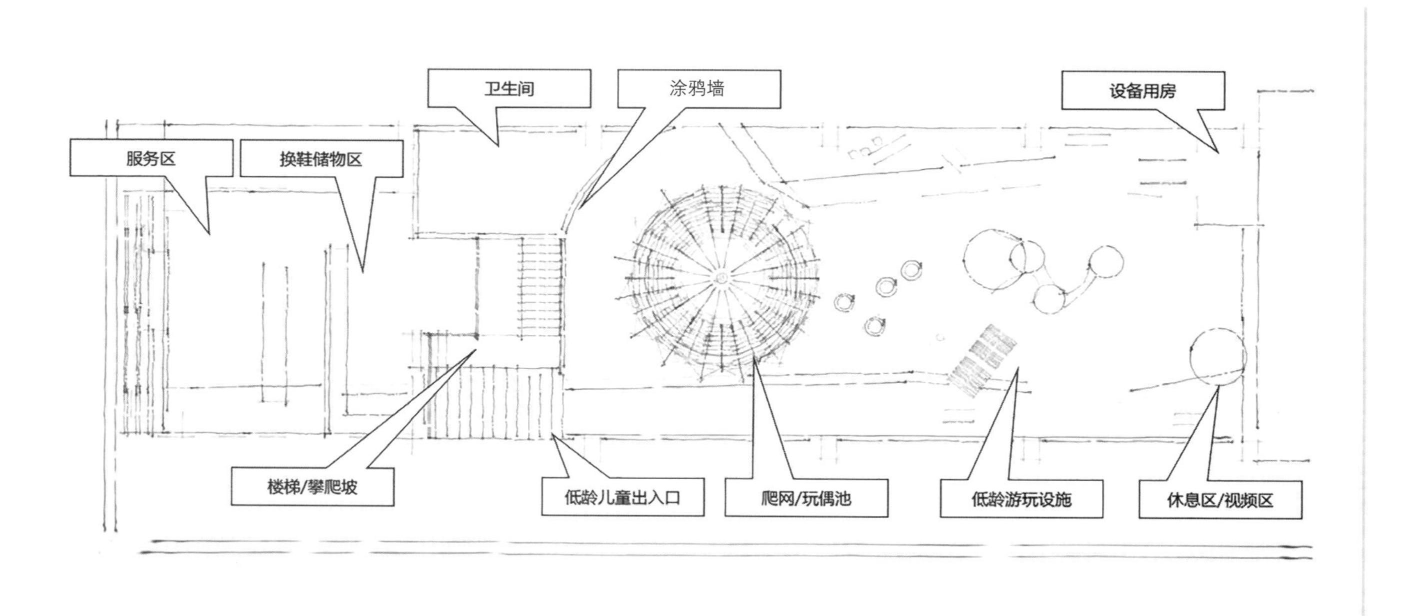
卫生间
涂鸦墙
设备用房
服务区
换鞋储物区
楼梯/攀爬坡
低龄儿童出入口
爬网/玩偶池
低龄游玩设施
休息区/视频区

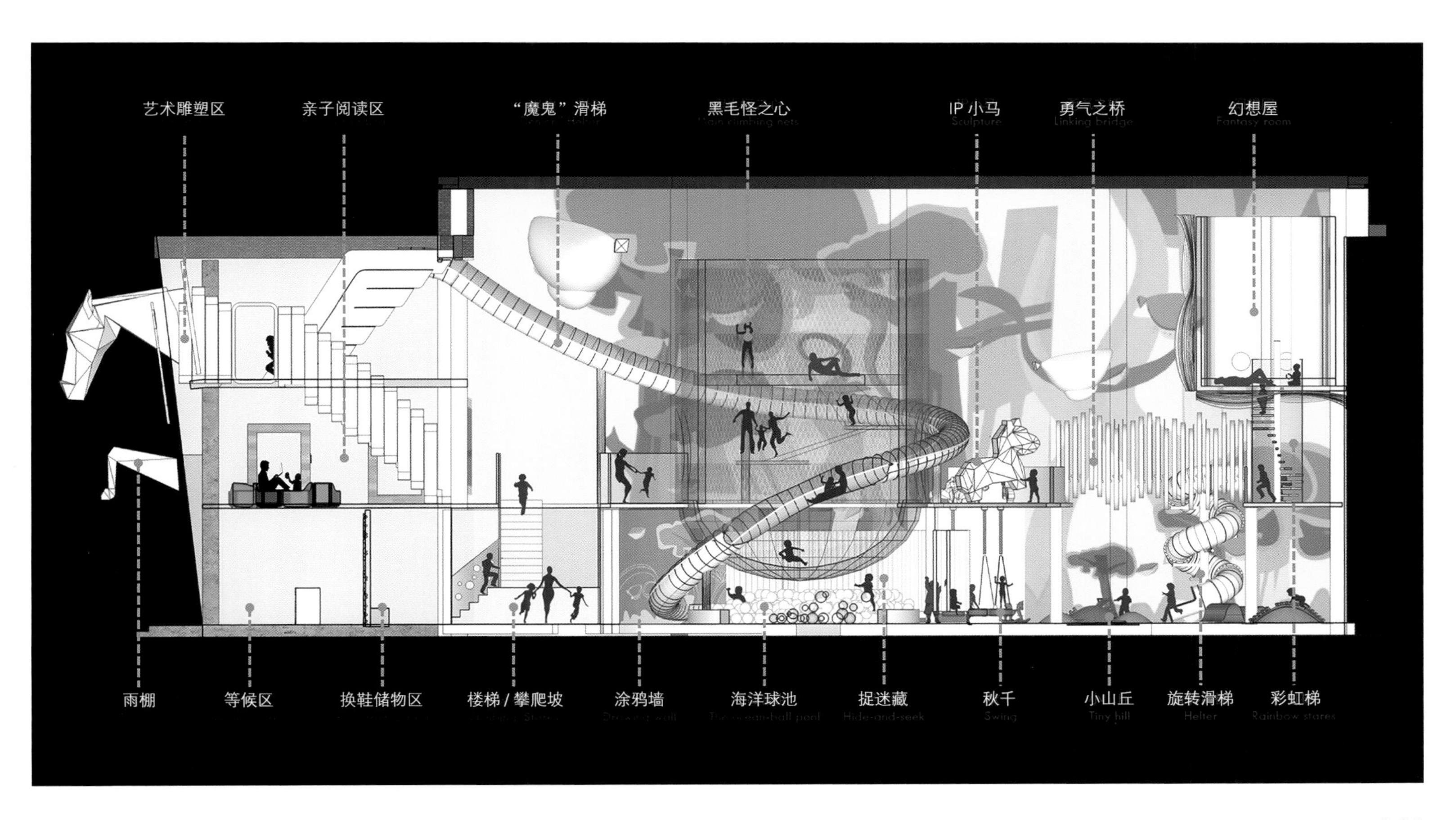

艺术雕塑区
亲子阅读区
“魔鬼”滑梯
黑毛怪之心
IP 小马
勇气之桥
幻想屋
雨棚
等候区
换鞋储物区
楼梯 / 攀爬坡
涂鸦墙
海洋球池
捉迷藏
秋千
小山丘
旋转滑梯
彩虹梯

HOMELAND-CHILDREN THEMED SALES CENTRE

天下艺境“童·梦”主题销售中心

地点：安徽，合肥
面积：1 240 m²
主设计师：陈峻佳（Kyle Chan）
设计师：Derek Ng、Jimmy He、Yang、 Leon Zhang、Sushila Law、Carol Chan
设计单位：峻佳设计
摄影：廖贵衡（Dick.L）

随着地产行业竞争的日趋激烈，功能单一、一味追求奢侈华贵的传统销售中心正逐渐失去竞争力。创新思维，已成为房产销售中心设计的关键。

考虑到销售中心未来将作为幼儿园使用，设计以“Homeland童·梦”为概念，将幼儿教育、家园情思融入空间，唤起人们对美好生活的期待与想象。

由此，最大的挑战在于如何实现销售空间的氛围与幼儿教育之间的平衡。设计规划布局了六大空间——音体室、连廊、沙盘区、洽谈区、多功能互动区、儿童教室，以渐进的手法开展叙事。设计团队十分注意室内、外环境的自然连接与融合，通过落地玻璃、半透明布帘等进行敞开式空间设计，最大限度地将园区景观与自然光线引入室内。

这里没有豪华的展厅大堂，音体室就是入口。大面积的玻璃落地窗代替原有墙面，引入自然光线。书架、展台、墙面、陈列饰物都采用白色，以弱化空间的界限，并适度留白；地台的创意来源于经典的玩具“七巧板”，它是装置艺术，也是孩子们钟爱的滑梯；中间圆形的人造石平台加入了互动装置投影，让人们可以站在上面追逐光影。精神上的沟通，从互动开始。

设计师改变建筑原有的连廊空间，在从音体室到沙盘区的空间设计了一道“白色彩虹”——白色弧形圆铁延伸至整个通道，与建筑外立面统一。

穿过连廊，进入沙盘区，就是整个园区的销售展示中心。设计师邀请许多孩子参与创作，将他们手绘的图案演化为天花吊灯的造型——太阳、云朵、彩虹、音符，还有纸飞机……整个空间墙面以木饰面处理，沙盘则特意选用了深色木和草绿地毯。

经过弧形大门，由沙盘区走入洽谈区。空间背景中彩色半透明布帘设计，源于一家人在野外放风筝的温馨画面。

专属于孩子们的多功能互动区，灵感来源于童话《爱丽丝梦游仙境》，极富梦幻色彩——形状奇特的树、松鼠、互动旋转楼梯，正切合孩子们旺盛的探索精神。而双向的空间视野、安全的无尖角设计则让父母和孩子都安心。

多功能互动区与儿童教室是一个相互分隔又联合的整体，书架、桌椅和背景墙好像是空间中的一个个装置，共同搭建出一个城堡。

创造一个有意义的、能让人与自然互动的空间，令人能够在城市中诗意栖居，这就是设计师所实践的。

YANGZHOU BINGO FAMILY RESTAURANT

扬州 BINGO 亲子餐厅

地点：江苏，扬州
面积：350 m^2
主设计师：梁飞、王星
设计单位：苏州巢羽设计事务所

作为一家为儿童“定制”的餐厅，项目从儿童的视角和行为出发，将本案定位为有助于儿童与家长建立情感联系的场所，由此对相关的儿童行为，如聚会活动、用餐等，都做了周全的空间规划。

属于儿童的色彩并不一定就是大红大紫，实际上，儿童空间更需要的是清新的色彩、温暖的灯光、探索性的空间体验。于是，设计师选择了温馨优雅的马卡龙色系，采用大量的皮革软包，结合环保的艺术涂料和饰面板等，创造出一个充满想象而又不失格调的空间，它纯真、柔和，同时又充满童趣。

儿童喜欢跳跃，喜欢奔跑，也喜欢躲藏。设计师希望餐厅的整个空间都能够激发儿童的探索欲，可以包容孩子们上升、下滑的游戏。同时，希望空间流线是重复的，是循环的。在这里，视线是带有“窥视”色彩的，是交错的，是重叠的，从而产生梦幻的感觉。

为了增加空间的趣味性，餐厅中部以大型海洋球池为核心，结合局部二层空间，设置了一条“时光隧道”，使得空间的整体流线变为可循环的。

开放式的吧台入门即见，弧形的木纹方通从顶面到立面，拉长了空间的宽度，又延伸到储藏间。抬头仰望，片片白云悬挂在空中，飞机穿过云朵，云朵下则是孩子们在嬉戏，大人们在微笑。在这里，孩子们可以玩过家家，扮演公主或武士，到海洋球池里打滚，在沙池里运沙子，从滑梯上滑下，还可以沉浸在乐高墙和赛车道上……孩子们最喜欢的游戏和活动，这里一样都不少。

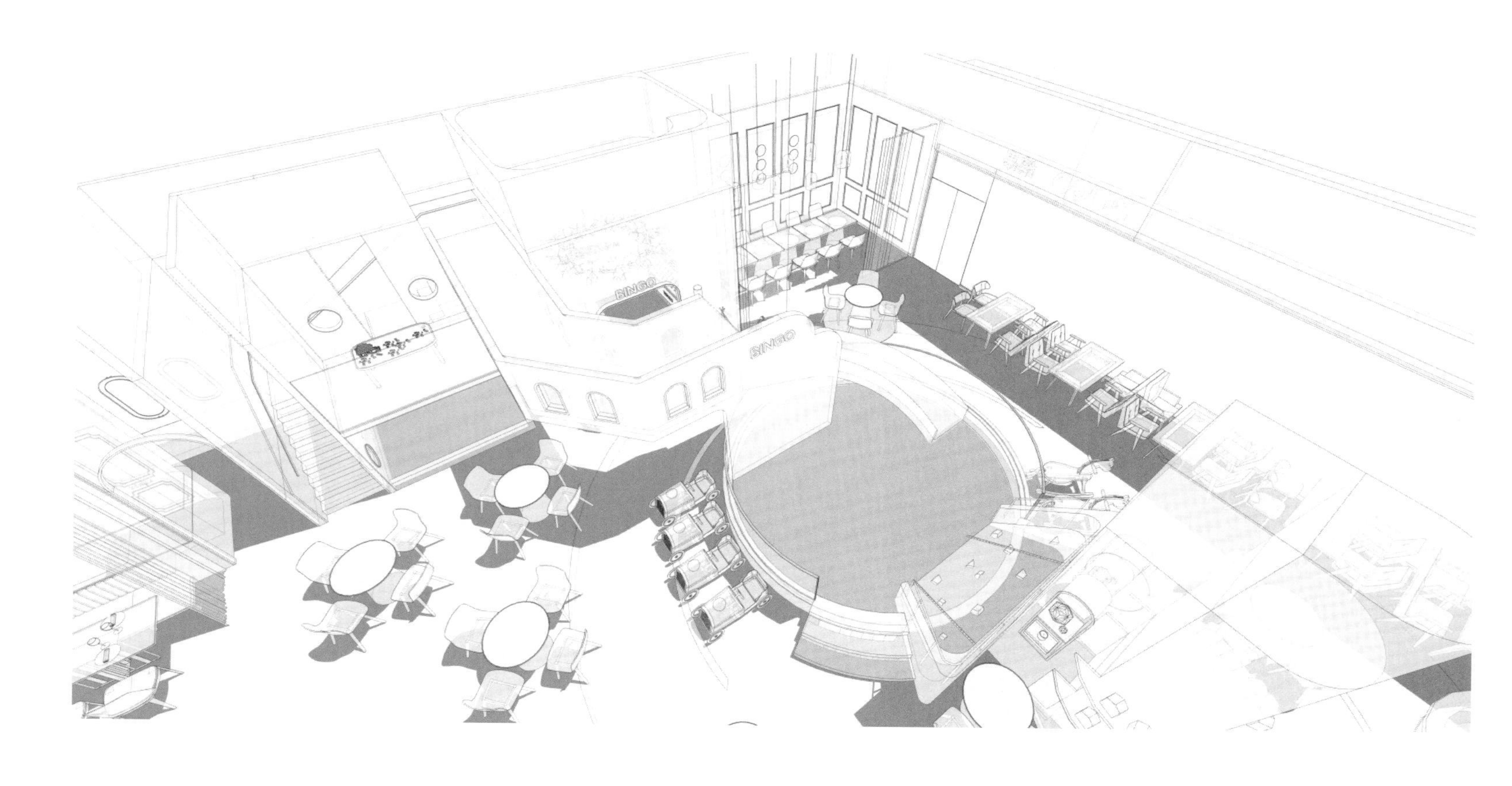

HOOK & LADDER
FD

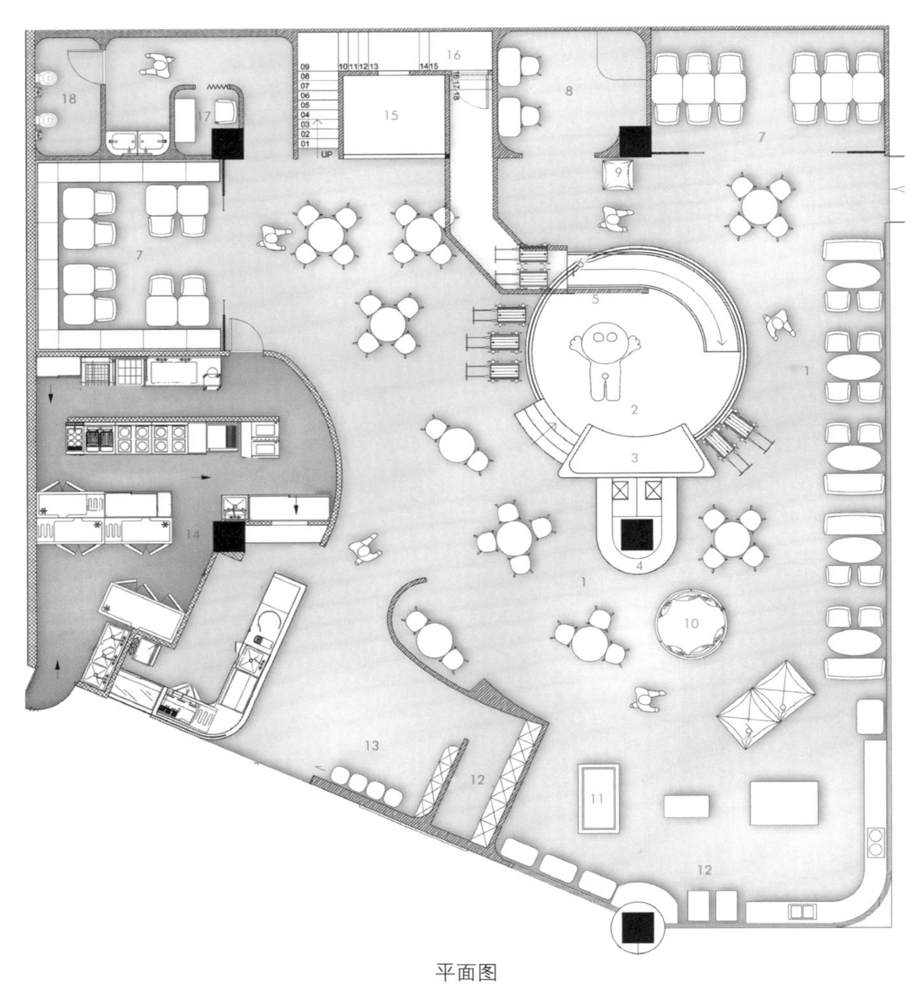

1.就餐区
2.海洋球池
3.攀岩墙
4.备餐区
5.互动屏幕
6.楼梯
7.多功能区
8.化妆间
9.帐篷
10.儿童床
11.乐高游乐区
12.储藏区
13.换鞋区
14.厨房
15.沙池
16.设备间
17.母婴室
18.卫生间

平面图

Children's
DRESSING ROOM

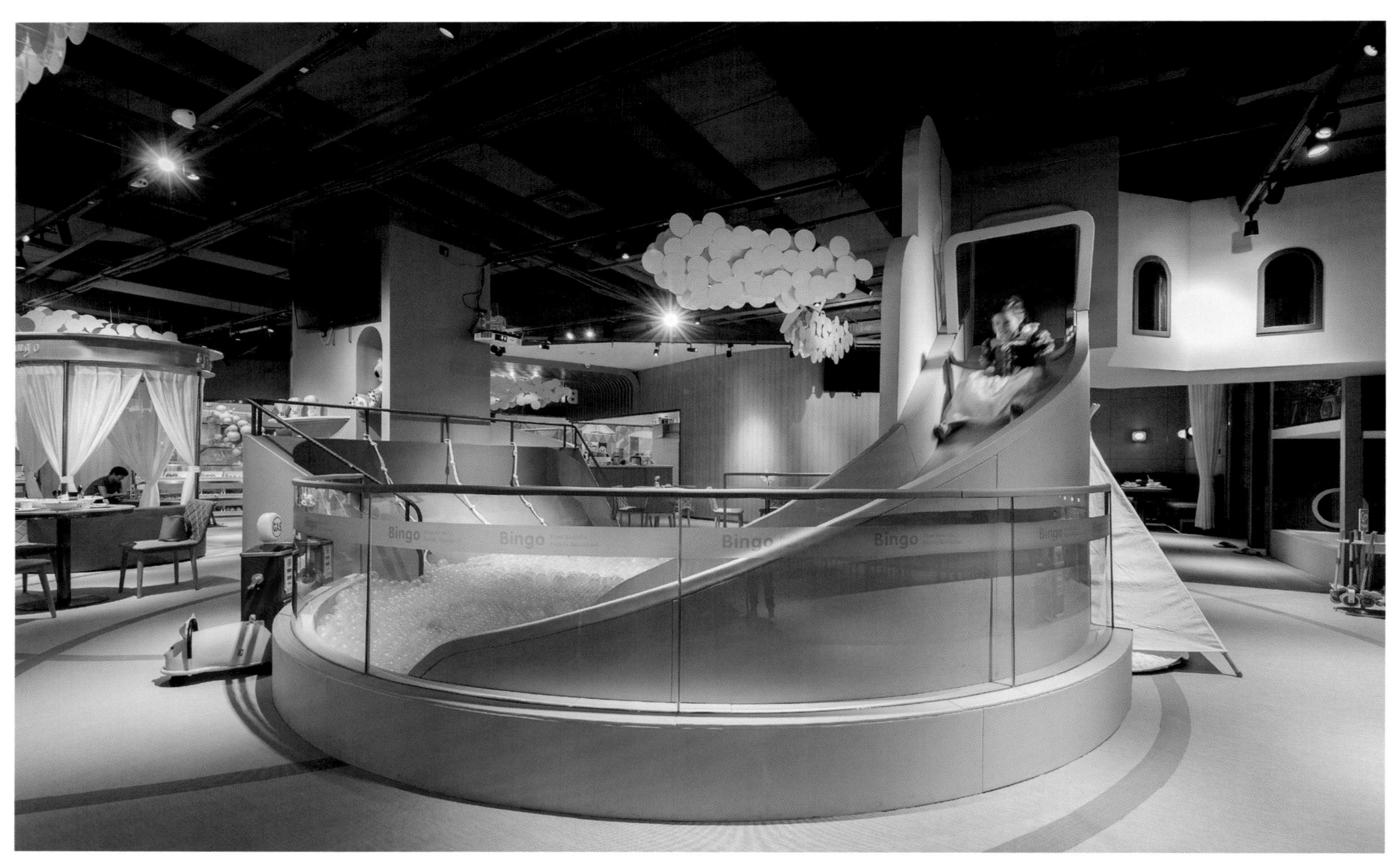
Bingo
Bingo
Bingo
Bingo

BINGO
6300
ROOM
Bingo
Bingo

STAR ART HOME RESTAURANT

Star Art Home 亲子餐厅

地点：重庆
面积：744 m²
主创设计师：罗珮绮
设计团队：罗珮绮、杨睿、苏志展、龚玮妮、邓林
设计单位：itD studio
摄影：刘宇杰

Star Art Home 是一个集亲子餐厅、艺展和玩乐等功能为一体的儿童体验空间。设计师结合业主的需求和孩童的天性，以“太空冒险之旅”为主线，创造出一个充满想象力的空间。

设计师以故事作为联结家长与孩子的线索，通过“POPO ART”星球冒险主题，串联起相关元素：星球、银河、黑暗空间、户外牧田……

空间布局

整个空间包括儿童玩乐区、艺展区、烹饪教室以及户外牧田，意在促进家长和孩子的亲子互动。空间的色彩并不繁杂花哨，而是采用明亮的落地窗，将灰白主调搭配上木色，给人带来简洁、清爽的空间感受。

在这个 700 m² 的空间中，有小朋友们最爱的海洋球池、滑梯、积木、蹦床、吊桥、黑暗空间等设施，游戏的路径可以说是“曲径通幽”。用餐区 360° 的开阔视野，让家长得以随时了解宝宝的状态。

空间元素

高迪说：“直线属于人类，曲线属于上帝。”设计师将弧线融入设计中，讲求空间的流动性，使得整个空间洋溢着一种温暖、自然的美感。

为凸显孩子的主体性，设计采用简约的手法，给孩子们提供了充裕的活动空间。同时，尤其注重空间内的光影营造，以吸引和引导孩子们去探索。

灯塔、半圆形洞、桥等丰富的空间形态，让这里更像是一方“雕塑空间”，以具体的形态讲述关于美的故事，形成一个极具视觉冲击力的创意空间。

冒险之地

在一个 13 m² 的圆形空间里，设计师开了 43 个孔洞，让孩子们可以从不同角度观察眼前的世界。

一个半圆形的小空间，搭配以黄色软包，就成了私密、安静的绘本阅读空间。

设计师又创造了一座“桥”，以连接角色扮演及玩乐区。桥下空间、绘本阅读空间以及一处“黑暗空间”共同围合成一个 53 m² 的小剧场空间；地面使用水泥地坪漆材料，设置了一个飞碟坐标，上头又有飞碟灯，令人不禁联想到银河系……

如此种种，都关于探险、关于勇敢、关于快乐、关于成长。

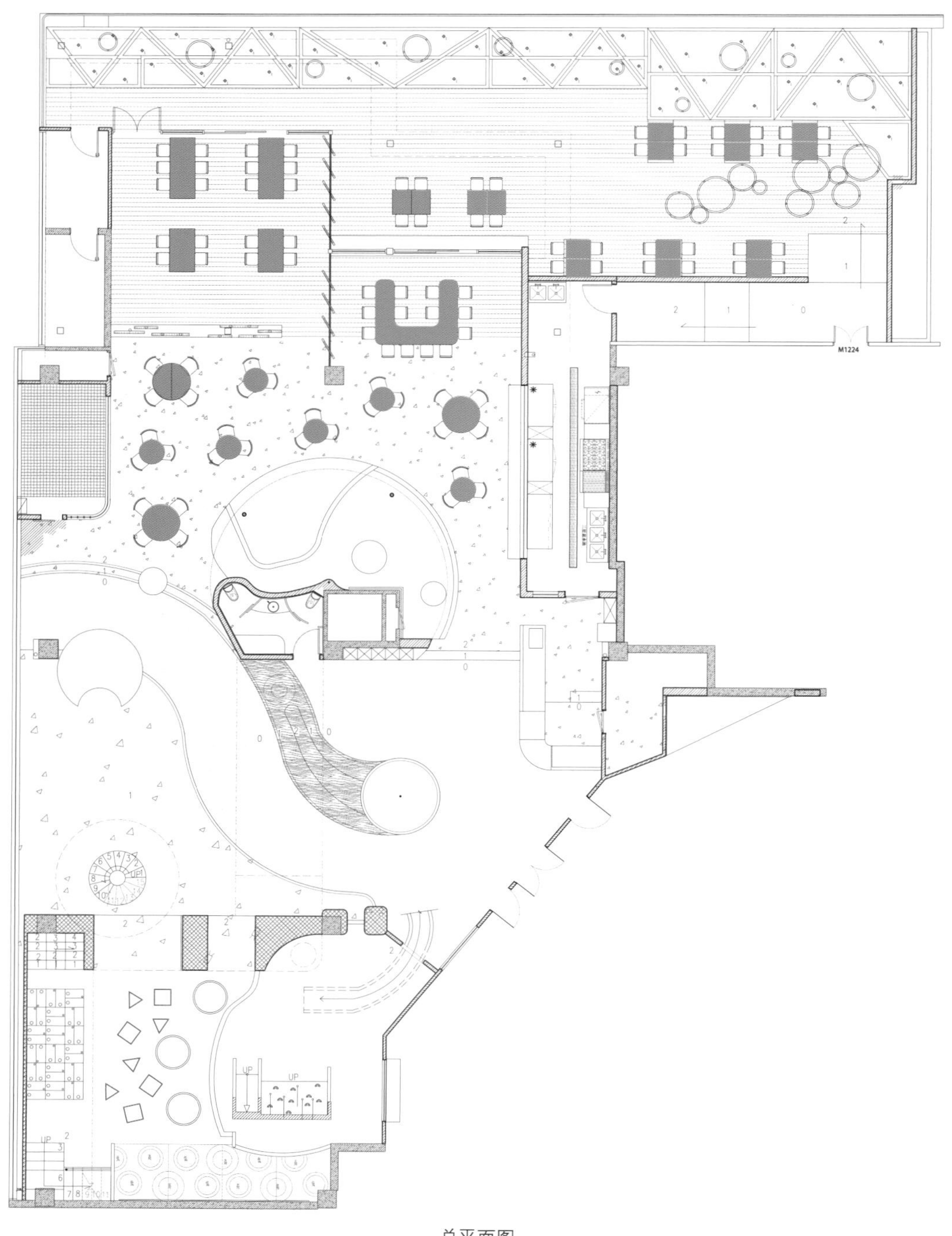

总平面图

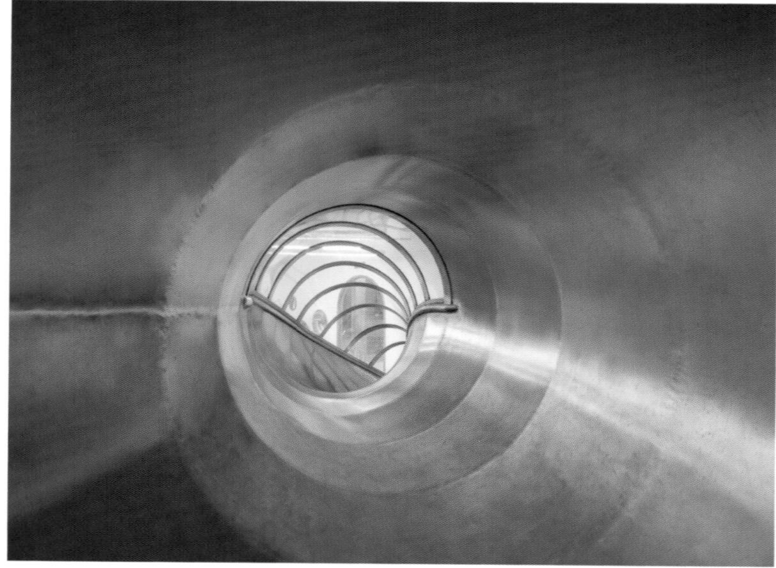

CIFI YST BOGUANXI'AN

旭辉银盛泰博观熙岸

地点：山东，潍坊
面积：1 200 m^2（室内）
业主：山东旭辉银盛泰集团、潍坊华翔置业有限公司
室内主创设计师：冯未墨
室内设计团队：黄华、孙泽峰、郭惠平
建筑主创设计师：聂欣
景观主创设计师：曾为民
总体规划主创设计师：卞洪滨
示范区规划主创设计师：韩广智
摄影：鲁芬芳、崔宏强、赵宏飞

随着社会发展，以往功能单一、追求奢侈华贵的楼盘销售中心逐渐失去竞争力。本案业主提出“去售楼处化”，并将“以人为本”中的主体由“成人”转变为“儿童”。最重要的是，这一场所日后也将蜕变成一座真正的幼儿园。

于是，一处为儿童而设计的体验空间，呼之欲出。

设计师冯未墨说：“我们将探索与感知作为整个设计的出发点。小朋友天性好奇，他们通过对未知空间的探索与感知，不断增加对环境和世界的认知。同时，我们想要在其中传达一种温暖而优雅的感觉。这是一个有温度的设计作品。”

建筑的立面宛如春日里枝头最先冒出的绿叶，寓意“新生”。室内主题被定为“童梦空间”，旨在用设计打造一场神秘、梦幻、童趣与艺术交织的精彩之旅。整个空间共设七个关卡：梦境接待区、静谧沙盘区、温馨洽谈区、精致工法区、童梦活动区、奇妙艺术走廊和奇幻影音室。漫步其间，唯美的色彩清新怡人。灰粉色的天鹅，柠檬黄的长颈鹿，橘色的天穹，密布穹顶的粉色球体，这些生机勃勃的颜色属于春天。在这里，不同的色彩对应着不同的功能区，它们层层交叠，又逐一展露，营造出一处处不同的天地。

童梦空间体验从粉色的梦境接待区开始。梦境接待区的滑梯串联起整个空间，人们可以拾级而上或者漫步而下，行进似乎永远没有尽头。从滑梯来到静谧沙盘区“天空之城”，橘色天穹是这里的主旋律，洋溢着蓬勃的活力。此处的灯光如天梯般摇曳半空，照亮了整个区域。

与静谧沙盘区的活力不同，温馨洽谈区显得更为安静柔和。淡粉、青蓝、浅绿之中加入不同比例的灰度，搭配以金属质感元素，既和谐统一，又避免了稚嫩与艳俗。

穿过“时光隧道”，静谧深邃的线条构成了一个入口，清晰的白色框架关乎秩序，也关乎童话色彩。

孩子们有着无穷的想象力，那样天马行空，那样无拘无束。于是设计师搭建起了 AR 儿童互动艺术墙，将五彩森林具象地呈现出来。极具艺术气息的长廊，鲜明的色彩与梦幻的造型装饰，令空间明亮而充满生机。

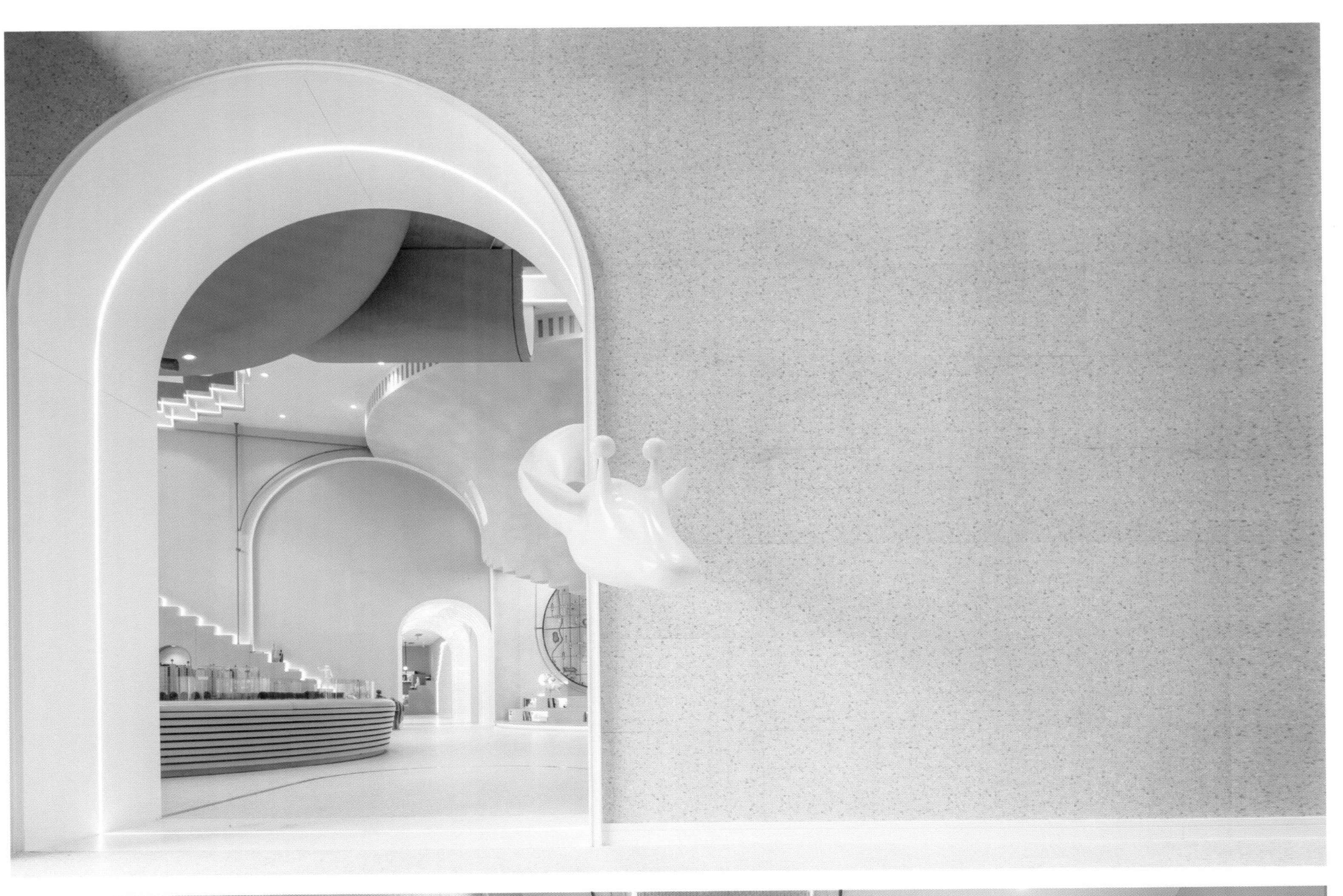

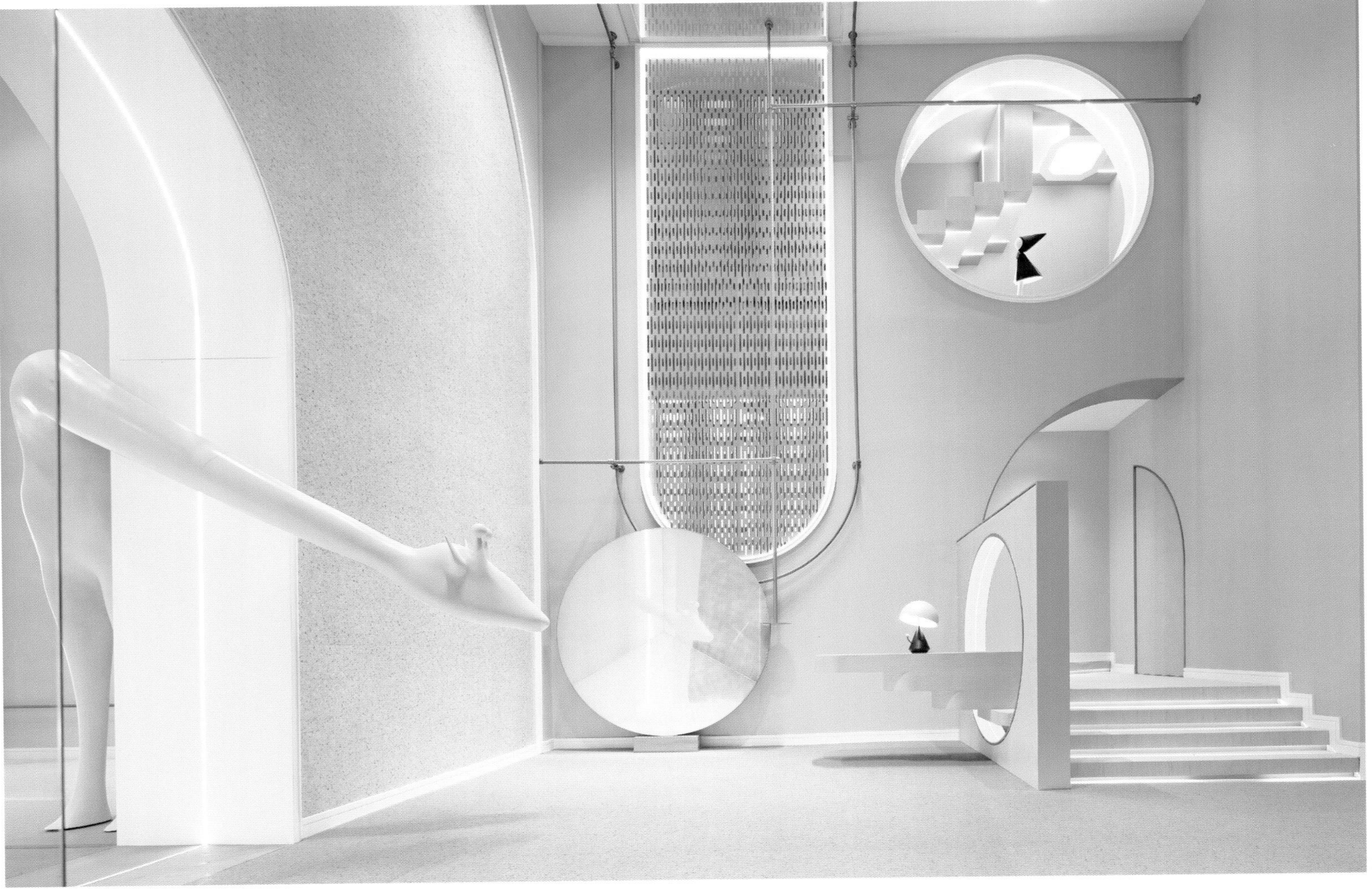

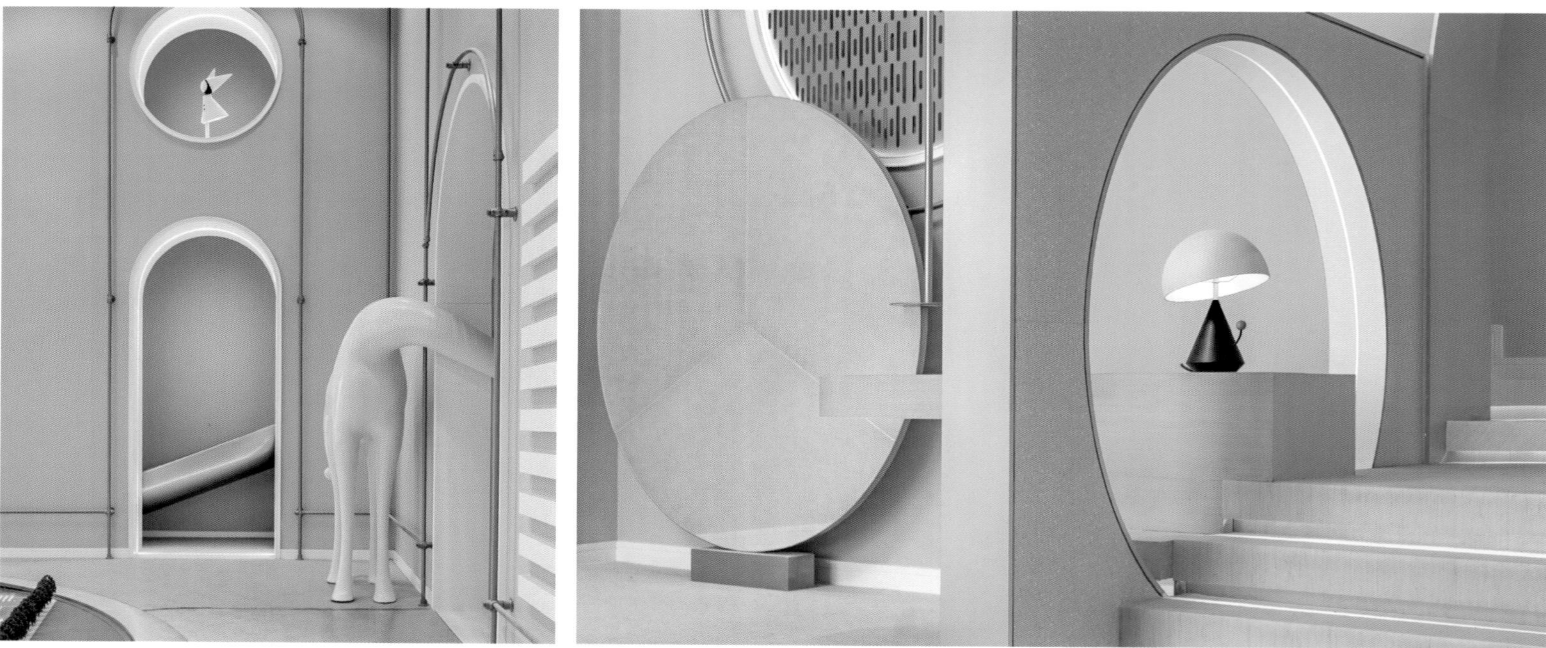

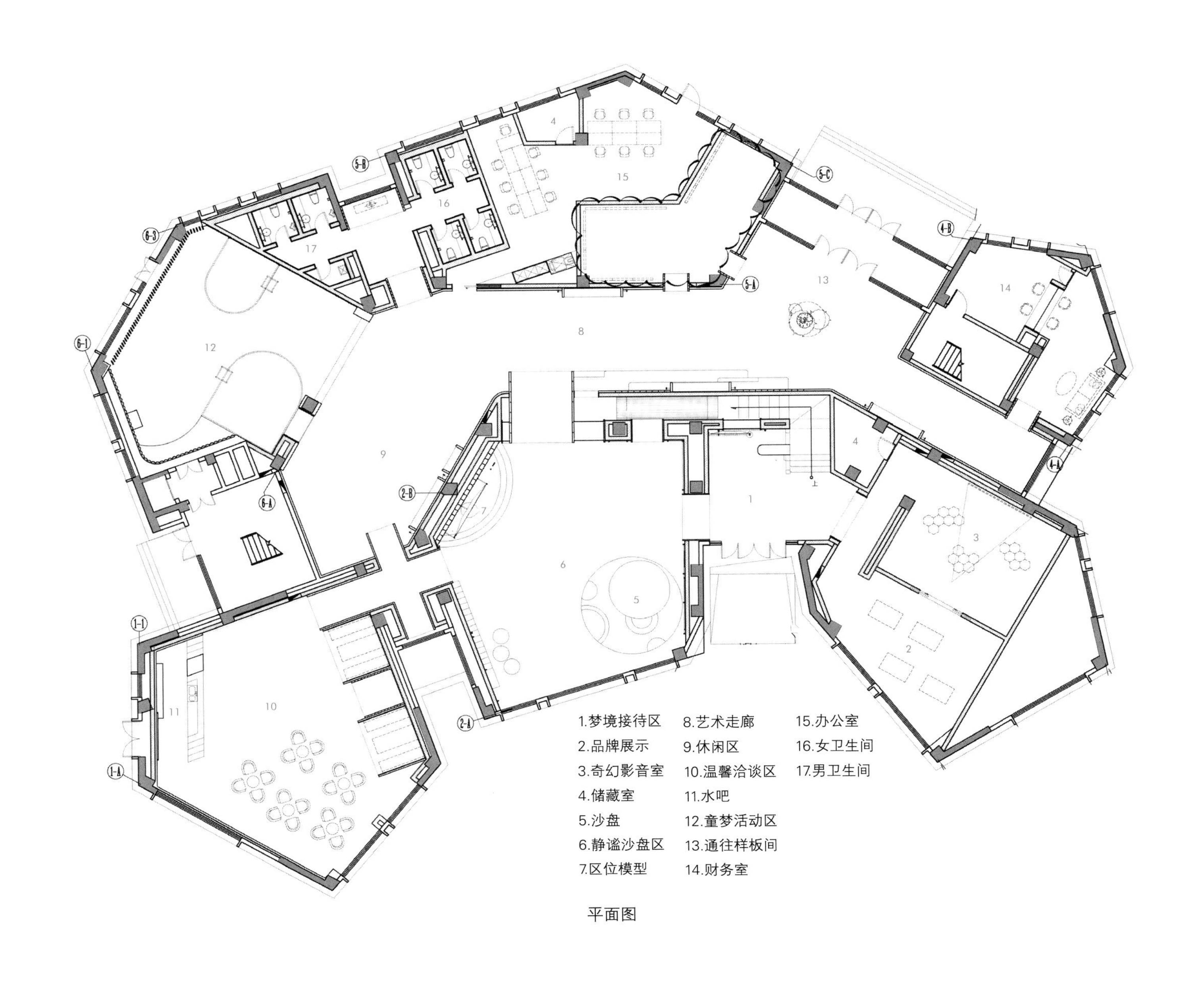
1.梦境接待区
2.品牌展示
3.奇幻影音室
4.储藏室
5.沙盘
6.静谧沙盘区
7.区位模型
8.艺术走廊
9.休闲区
10.温馨洽谈区
11.水吧
12.童梦活动区
13.通往样板间
14.财务室
15.办公室
16.女卫生间
17.男卫生间

平面图

DALÍ
Impressionist Art

LITTLE STORIES CONCEPT STORE

小故事儿童鞋店

地点： 西班牙，瓦伦西亚
面积： 70 m²
设计单位： CLAP Studio
摄影： Daniel Rueda

这是一家专门为儿童打造的概念鞋店。设计从品牌名称“小故事”入手，创造了一个鲜明体现品牌特征、生动活泼的室内空间。设计师经过与业主的多次讨论，提炼出三个能够体现“小故事”特征的要素。

为了突出品牌形象，设计师采用简洁而又极具亲切感的无衬线字体和线条图案系统，使得品牌本身的故事性得到清晰的表达。

在定义了品牌特征后，设计师开始着手做室内空间设计。由于这是专属于儿童的空间，设计尤其注重在每个细节都贯彻“玩乐”与“想象”的主旨，使得商品的陈列既符合经营需求，又独具艺术感染力。

鞋店的面积为 70 m²，但进入其中，人们却能够获得开放宽敞的空间印象。这既得益于巨大的玻璃窗，也归功于灵活的陈列手法——放在地上的可移动小型台面，还有用磁铁吸附在墙面上的金属圆盘，都提供了适当且多变的产品展示空间。

无论是外观还是室内空间，“小故事”鞋店都有着强烈的吸引力，既充分展示了商品，又为孩子们提供了连续的游戏空间。室内的灯光从天花板上的管道内散发出来，将人们的目光自然而然地引到产品上。

Little Stories

Little Stories

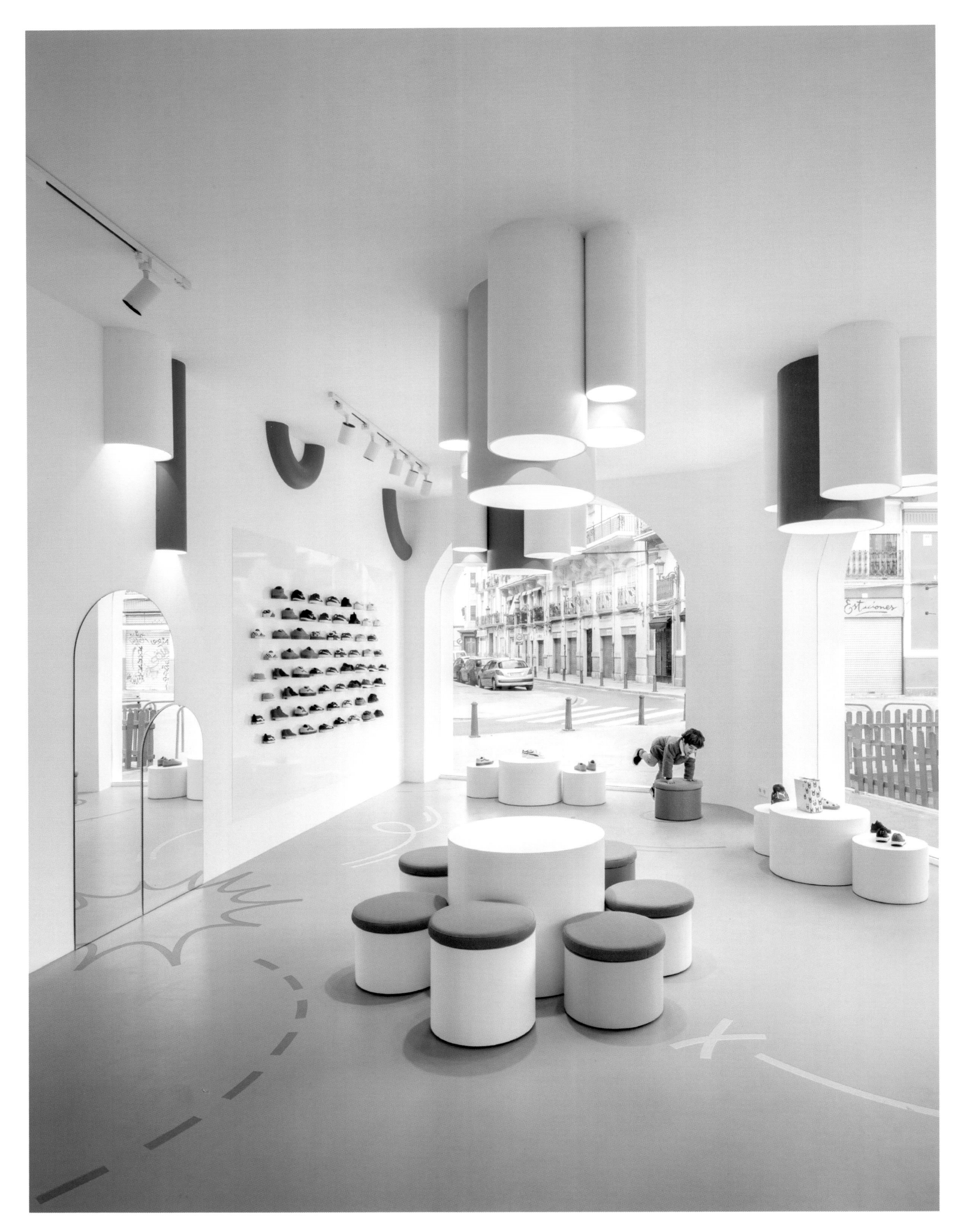
Estaciones

Children's Park

儿童公园

V-ONDERLAND JINSHANLING

金山岭洛嘉儿童乐园

地点：河北，承德

面积：2 300 m²

设计团队：奥雅设计洛嘉团队

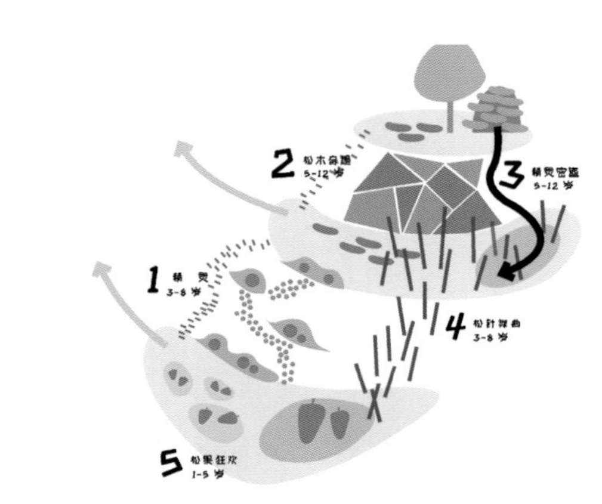

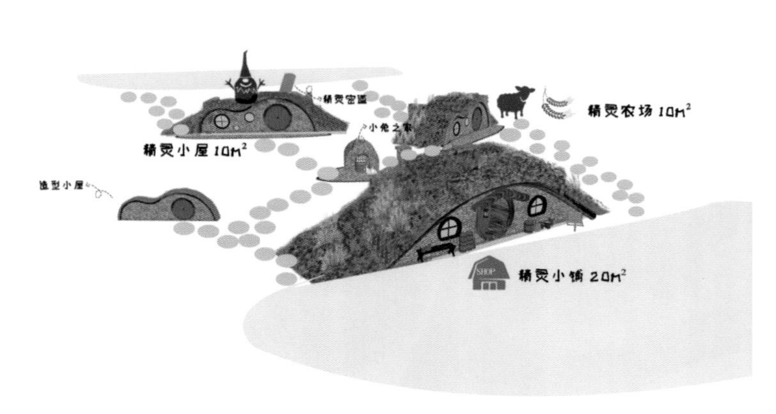

第一次来到项目现场，设计师们就为古长城金山岭脚下群山连绵、松树环绕、村屋遍布的景象感染。于是，他们产生了思考——在这样的自然场地中，应该设计一个什么样的儿童乐园呢？

考虑到如今在钢筋混凝土搭建的城市里，常见的儿童乐园中总是充斥着塑料制成的游戏设施和枯燥乏味的活动内容，设计师希望契合这块古长城脚下充满灵气的场地特征，设计出一个与众不同的儿童乐园，带给孩子们贴近自然、充满活力与探索精神的场所体验。

设计以“松塔奇遇记”作为线索，讲述了一群山精灵的奇幻冒险故事：传说金山岭上有一群山精灵，他们团结善良，酷爱山地运动和魔法。有一天夜里，天外来果，落在金山岭融和城山坡一个巨大的松塔上。聪明的精灵们发挥自己的想象力，把整个山坡变成了一个巨大的松塔乐园。

乐园的设计是一次尝试。设计师尝试跳出城市中随处可见的塑胶场地乐园的固有思维，以建设生态型、自然型活动场地为理念，充分结合场地特点，使场地本身成为场景和舞台；同时，基于相关的儿童行为心理学研究和教育理论，科学地规划儿童活动空间，并结合公共艺术来点亮园区氛围，打造一个有主题、遵地形、有调性的自然乐园。

奥雅设计洛嘉团队希望乐园能够成为孩子们体验自然的场所，成为调动他们自发探索兴趣的山间坡地，成为他们的冒险目的地。

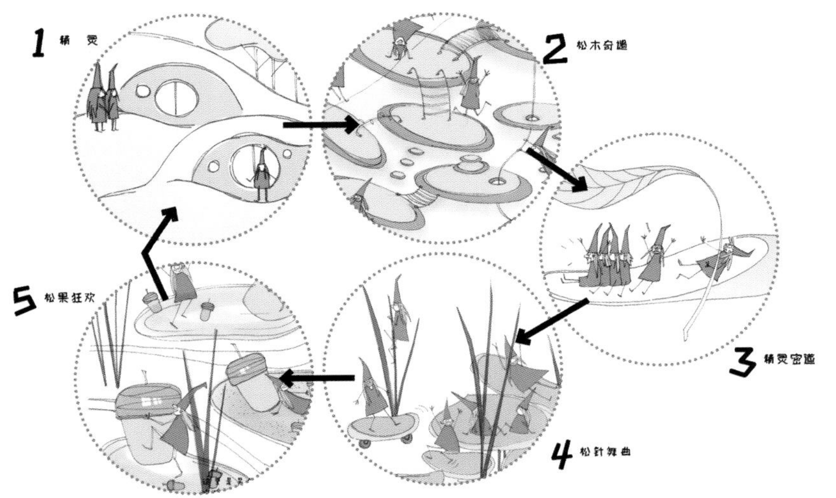
1 精灵
2 松木奇遇
3 精灵密道
4 松针舞曲
5 松果狂欢

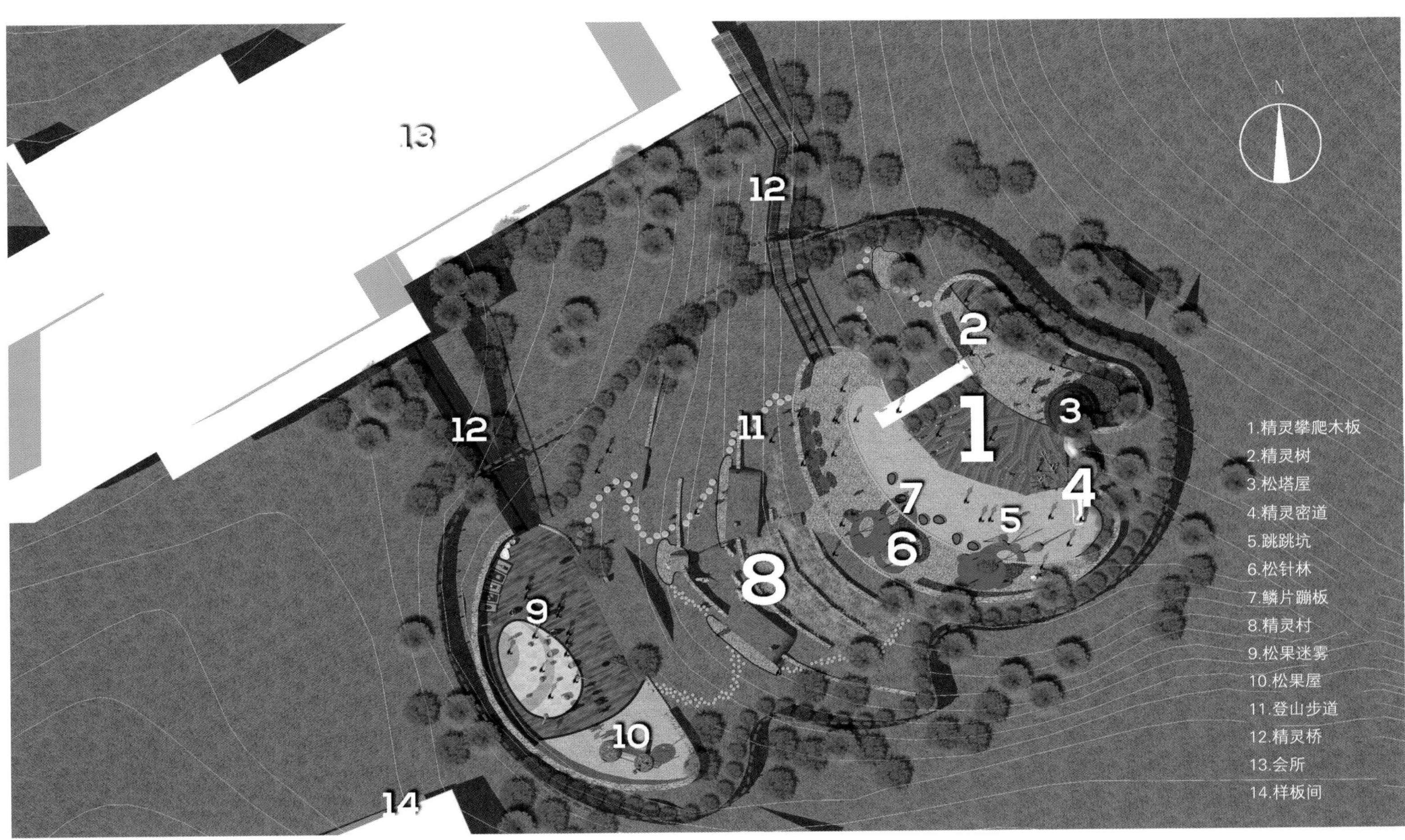
N
1
2
3
4
5
6
7
8
9
10
11
12
12
13
14
1.精灵攀爬木板
2.精灵树
3.松塔屋
4.精灵密道
5.跳跳坑
6.松针林
7.鳞片蹦板
8.精灵村
9.松果迷雾
10.松果屋
11.登山步道
12.精灵桥
13.会所
14.样板间

总平面图

PARIS

OOSTERPARK PADDLING POOL RENOVATION

Oosterpark 戏水池改造

地点：荷兰，阿姆斯特丹
总面积：350 m²
设计团队：Elger Blitz, Thomas Tiel Groenestege, Lucas Beukers, Jasper van der Schaaf, Thijs van der Zouwen, Mark van der Eng, Marleen Beek
设计单位：Carve
Oosterpark **改造与扩建**：Buro Sant en Co landscape architecture
摄影：Marleen Beek, Jasper van der Schaaf

20 世纪 50 年代到 70 年代，荷兰几乎所有的公园（包括 Oosterpark）都有著名建筑师 Aldo van Eyck 设计的游乐场所。他受雇于阿姆斯特丹市政府，在 1947 年到 1978 年间设计了超过 700 个公共游乐场所！这些设施为城市带来了许多欢乐，尤其是戏水池——到了夏天孩子们总是流连忘返。可以说，他设计的戏水池是阿姆斯特丹几代人童年与青春的记忆。

然而，在过去的数十年中，随着城市不断发展，这些场所一个接一个地被拆除。到 2001 年，只剩下大约 90 个了。即使是这些“幸存者”，也往往因为新型游乐设施的植入而变得面目全非。尽管它们在过去曾风靡一时，但由于维修费用高昂，渐渐地，只有 3 个仍在正常使用，Oosterpark 就是其中之一。所幸，这些设施仍然受到年轻人的喜爱，因此有关部门决定拿出经费来支持它们继续运营。

时至今日，Aldo van Eyck 的设计作品已然具有了作为文化历史遗存的纪念意义——在这样的作品上进行改造设计，无疑具有相当的挑战性。

设计师保留了戏水池原来的状态，增加了既尊重其原本的尺度与形态、同时又符合新形势下功能需求的设计元素。其结果是，这雕塑般的纯白体量并没有明确地“规定”使用方式。这样一来，人们可以在这雕塑般的场地上攀爬、追逐、玩滑梯，让老旧的戏水池焕发出新的活力。水池边缘和攀爬孔中都藏有小小的喷泉，能够激发人们不断去探索和创造新的游戏方式。在用天然石材制作而成的新座椅区，设计师应用了 LED 光源，使得孩子们能够在灯光下尽情玩耍——全年无休，欢乐无限。

由此，戏水池重获新生。

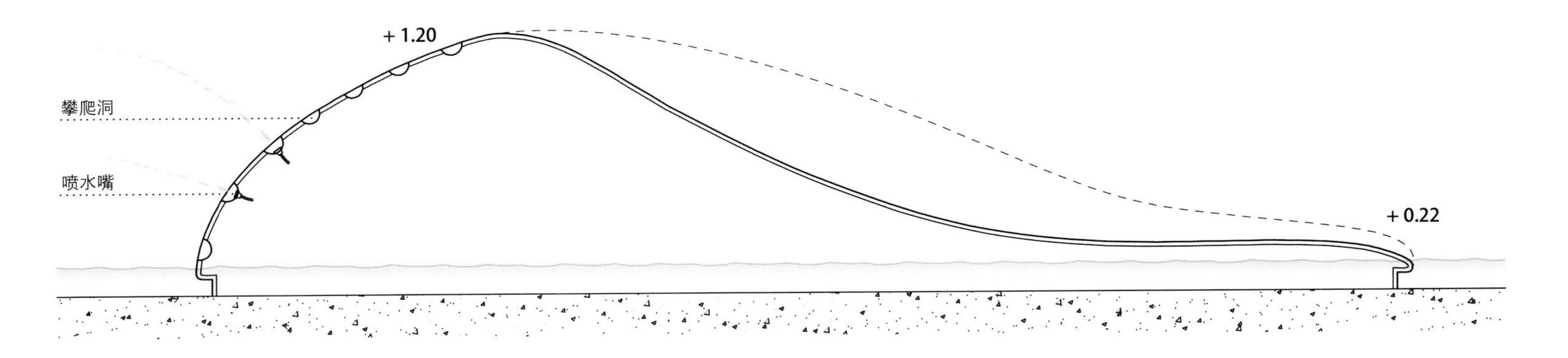

比例 1:50
版权归Carve B.V. Amsterdam, the Netherlands所有

戏水池剖面图

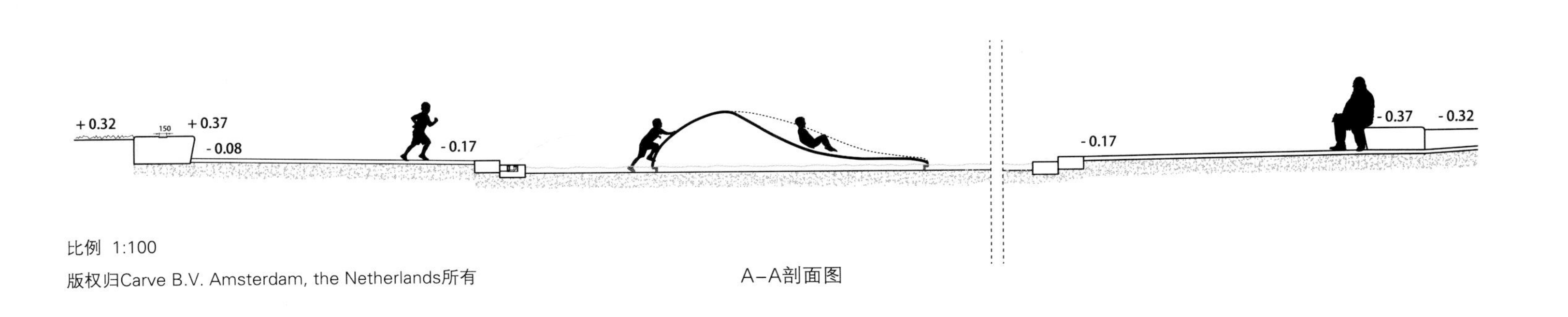

比例 1:100
版权归Carve B.V. Amsterdam, the Netherlands所有

A–A剖面图

OOSTERPARK PLAY GARLAND

Oosterpark 公园游乐设施

地点：荷兰，阿姆斯特丹
长度：88 m
设计团队：Elger Blitz、Thomas Tiel Groenestege、Lucas Beukers、Jasper van der Schaaf、Thijs van der Zouwen、Mark van der Eng、Marleen Beek
设计单位：Carve
合作单位：Buro Sant en Co landschapsarchitecten
摄影：Marleen Beek、Jasper van der Schaaf

Oosterpark 公园建于 1891 年，是 19 世纪阿姆斯特丹城市带扩张的一部分，也是第一个由政府组织建造的大型公园。最初，景观建筑师 Leonard Springer 设计了一个典型的英式古典园林，其间分布着具有仪式感的树木、蜿蜒的小径和大片开阔的池塘。

从传统上看，Oosterpark 公园素来与一些公共建筑形成联系，比如热带风情博物馆和大学建筑等。从 2011 年起，人们就有所计划，想要将这些建筑融入公园中——这本是 19 世纪时就已存在的宏愿，只是由于缺乏资金未能实现。设计师所面临的状况，是这些纪念性建筑被栅栏以及地形本身与公园隔离开来。Sant en Co 事务所在新设计中拆除了原有的栅栏，让公园延伸到建筑物的周边，增加了绿地面积，并且将部分私有景观也变为公园的公共区域。

改造后，Oosterpark 的规模几乎翻了一倍，并且实现了建筑与公园的融合。除了增加面积，原有的公园也得到了更新和升级——通过新增道路来改善公园的构成，通过新旧功能的巧妙融合来延续 Springer 设计的初衷。

本案是其中一处新增的设施，它位于公园东北角，本来是一处被忽略的“无功能场地”。设计师在这片区域上搭建起一个长达 88 m 的游乐设施，提供充满冒险乐趣的游玩体验。其结构别有趣味：上升、下降、回旋，能够自然激发人的探索欲。

考虑到公园里的树木具有相当的仪式感和纪念意义，景观设计师要确保新设施不会影响到树木本身，因此设计力求精准。这恰恰又带来了新的好处——当我们的城市越来越多地依赖人工安全地垫，本案却能够充分利用自然来提供庇护。比如说，因为有所遮盖，孩子们玩沙子时不必担心沙子轻易地被风吹走。出于保护树根的考虑，设计师采用轻盈的结构来支撑整体设施，最大限度上减少其与树根接触的可能。

设施的结构简练、明晰，吸引着孩子们在上面奔跑、攀爬和滑滑梯。由于设施本身在高度上的丰富变化，他们在上面能感受到类似过山车的快感。整个设施的使用极具弹性，它可以同时容纳 100 个孩子在上面及周围玩耍，并且提供无限丰富的“玩法”。在较为陡峭的一段孩子们可以滑滑梯，而另一段则可以作为管状滑梯。因为结构本身的特征，无论是从外向内看，还是从内向外看，都能给人带来新奇的感受。这样的场所能够很好地鼓励孩子们进行交流与互动。

大部分游乐设施都会采用丰富的色彩。本案煤黑色的主要结构与公园里其他的新元素相呼应，同时在一个连续的环形上采用缤纷的色彩，既避免了“色彩爆炸”，又令人眼前一亮。

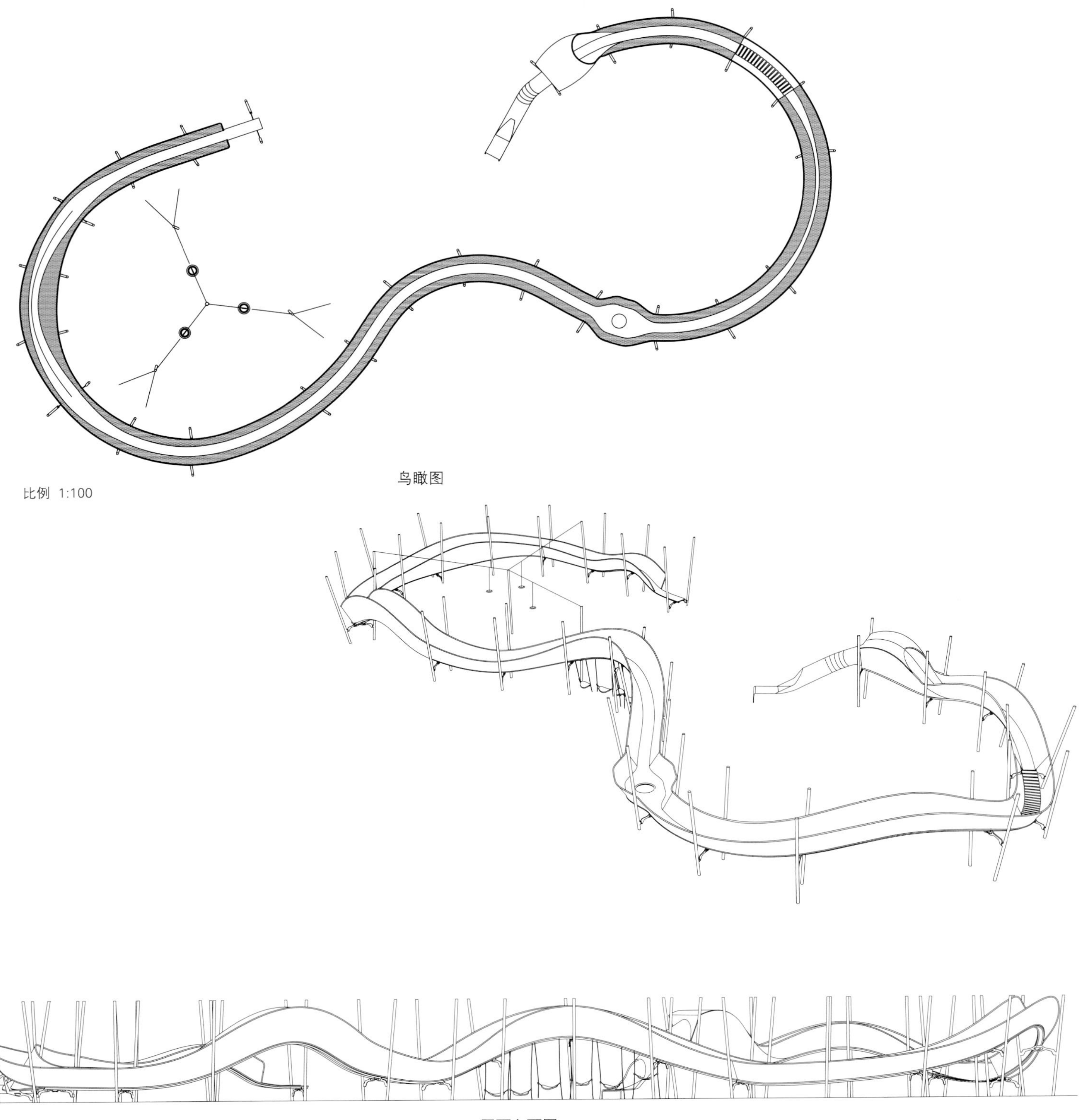

鸟瞰图

比例 1:100

正面立面图

比例 1:100

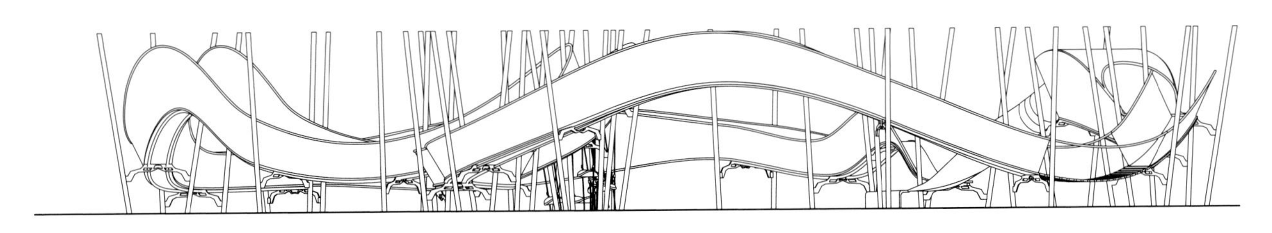

侧面立面图

比例 1:100

PLAY LANDSCAPE BE-MINE

be-MINE 游乐景观

地点：比利时，贝灵恩

面积：10 060 m²

设计团队：(Omgeving) Luc Wallays、Maarten Moers、Peter Swyngedauw、AdaBarbu、Tom Beyaert；（Carve）Elger Blitz、Mark van de Eng、Jasper van de Schaaf、Hannah Schubert、Johannes Müller、Clément Gay

设计单位：Carve、Omgeving

摄影：Carve（Marleen Beek、Hannah Schubert）、Benoit Meeus

本案是 Carve 和 Omgeving 团队、Krinkels（承包商）共同在竞赛中赢得的项目，也是文化旅游项目 be-MINE 的一部分，旨在通过于比利时贝灵恩“terril”（法语，意为“堆”）上设计一个游乐景观与标志物，为这个极具纪念意义的煤矿区、同时也是法兰德斯（Flanders）最大的工业遗址注入新的生机。

这座昔日的煤矿城市，希望这座 60 m 高的矿山堆能够增加新的功能，希望旧的工业建筑蜕变成文化旅游热点，让人们能够以充满趣味的方式来认识和感受历史。

无论是从矿山堆的高度，还是其作为工业遗产的特性而言，场地的尺度都称得上壮观，尤其是考虑到它的周边几乎都是平坦的地形。上述背景，决定了它的角色将是一个大规模的景观地标，此之为“大”。同时，它又必须符合儿童活动的尺度，此之为“小”。工业遗产的价值是设计过程中连贯的主题，但它们需要以出人意表的方式展开。整个矿山堆根植于过去，被赋予新的含义，又面向未来。

设计由三部分组成，将“山”本身与它的历史融合为一个整体：一个作为地标存在的柱子林，一个位于山侧面的、有着菱形表面的游乐区，还有一个位于“terril”顶上的煤炭广场。整座山的“脊椎”是笔直的楼梯，让人们可以到达不同高度的区域。在夜间，沿楼梯而分布的光使矿山堆的地形清晰可见。

柱子组成的森林，指向当地的采矿史。1600 根木柱子伫立于山的北侧，从山脚到山顶。过去，人们会采用柱子来进行采矿的地下作业。在柱子林中，一部分区域被开拓成游玩项目，比如平衡木、攀爬网、吊床和迷宫等。

柱子林外分布着一整片菱形表面的游乐区，它遮盖住了局部“山体”。即使人们身在较远处，也能够一眼看到它独特的视觉形象。这部分基于地势而营造的景观，提供了极具挑战性而又趣味十足的运动娱乐方式：从爬行通道、攀爬网到“巨型楼梯”，不一而足。各种各样的菱形表面，邀请孩子们尽情发挥自己的想象，或爬，或滑，或躲藏……他们可以斜着移动、水平移动、从垂直方向移动，这些运动方式，都与昔日矿工的地下作业有相似之处。

无论是柱子林还是菱形表面，其中的游戏项目都有一个共同点：它们挑战孩子们的体能，促使他们共同协作。这就像是某种训练课程——你爬得越高，难度系数越大，就越需要依赖同伴之间的合作与鼓励，如此才能登顶。这给孩子们带来了丰富的游玩体验。而且，当年在矿山工作的人们何尝不是如此，他们在劳动过程中必须无条件地信任自己的工友。

在矿山堆顶上，也就是 60 m 高处有一个煤炭广场。这个下沉式广场的主题是“黑金”，能够为人们抵御山顶上的强风，也让人们得以全然放松地欣赏天上的云彩。广场倾斜的边缘既可以开辟出休息座椅，也可以用来承载项目相关的历史信息。

总而言之，项目不仅提供了一个充满冒险趣味的游乐场，也为法兰德斯最大工业遗产的转型做出了自己的贡献。

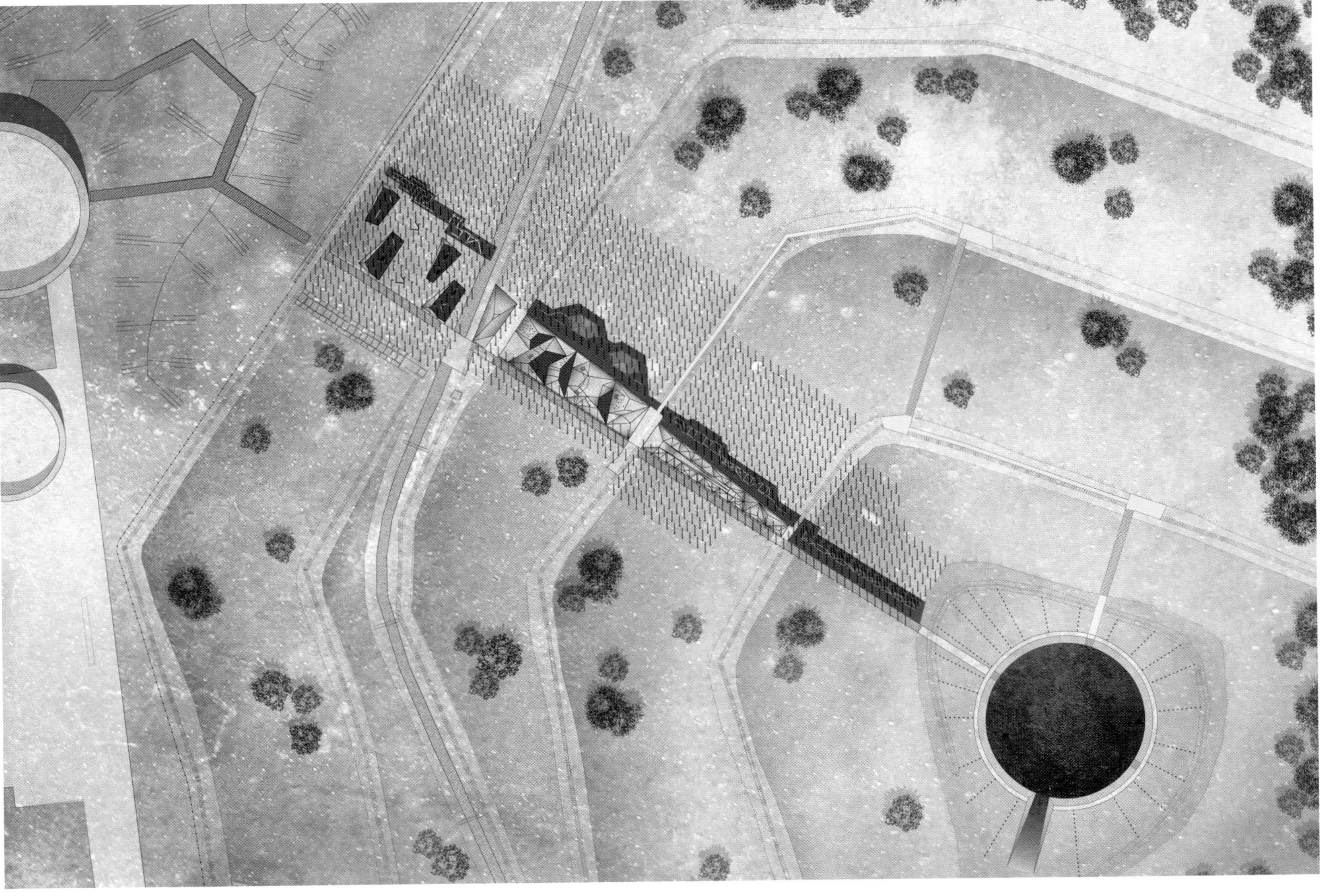

ZIDANE
5

THE PLAYSPACES IN CLEARWATER BAY

清水湾道儿童游乐空间

地点： 中国，香港
设计团队： Elger Blitz, Hannah Schubert, Jasper van der Schaaf, Thomas Tiel Groenestege, Marleen Beek, Elke Krausmann, Clément Gay, Mark van der Eng
设计单位： Carve

尽管清水湾道距香港市中心仅一小时车程，但清水湾半岛的面貌与高楼林立、喧嚣热闹的港岛截然不同——它拥有青山绿水和美丽的小村落。自 2014 年以来，新世界发展有限公司一直致力傲泷（Mount Pavilia）楼盘的开发，它依山而建，与村庄为邻。傲泷将低密度、工艺与艺术、共享设施、社区精神等视为重要的考虑因素。建筑师 Minsuk Cho（Mass Studies）和 Adrian L. Norman（ALN）都参与了项目设计。

Carve 受邀为傲泷设计五个游乐区——幼儿娱乐区、都市农场、中央公园（较大儿童游乐场区）、水上乐园，以及一个室内游乐场。傲泷的会所建筑有着流畅的造型、明亮的白色立面和大片落地窗，它是游乐区设计的起点。得益于此，游乐区各元素既相互区别，又能够形成统一。

幼儿娱乐区

幼儿娱乐区在最北侧，供 2~5 岁幼童使用。幼儿娱乐区为低矮的篱笆和围栏所围绕，其中三个表面有空心的白色圆柱体。每个圆柱体功能不一。在最大的圆柱体里，孩子们可以攀爬、滑滑梯。其余两个较小的圆柱体则可以用来玩角色扮演游戏，一个是“商店”，另一个是“游戏室”。圆柱体外部设计有低矮的小丘，孩子们可以在上面攀爬或往下滑。

都市农场

这个区域是一个菜园。它由四个不同功能的区域组成，区域之间通过小路彼此相连。首先是自行车停放处，接下来的区域则摆放着培养箱。由此人们可以向前走到第三个区域——教学区，里面设置有长凳和综合药草园，孩子们可以在这里玩水，或者到小沙坑里玩耍。最后一个区域聚焦于“食物和社区”。这是一个比较私密的空间，小区住户可以在这儿举办聚会。

中央公园

步入中央公园，视线的焦点是三个圆柱状的游戏设施，其最高者与周边树顶的高度相仿。这些圆柱的白色立面、周边暖色调的环境和绿色植物相映成趣。圆柱体的平台由细柱支撑，每根柱子都扭向不同的方向。正是这些柱子使得圆柱看起来纤细而又通透。第一个游乐设施的高度超过6 m，容纳了两张游戏网、两部滑梯，以及攀登平台；第二个设施设置有攀爬项目，非常适合孩子们在其中攀登游玩；最矮的设施中则包含了一个“吊床森林”。为了强调游戏设施的存在，设计师让它们下面各出现一个轻微凹陷的坑，颇为有趣。游乐设施旁设有长凳，供家长休憩使用。由于香港气候炎热，遮阳非常重要，因此所有的设施上都安装了遮阳顶篷，两个较大的游乐设施篷顶边缘还使用悬挂的绿植作为装饰。

水上乐园

水上乐园位于泳池旁，水很浅（5~30 cm），十分适合儿童使用。Carve 团队为这一区域设计了一个特别的滑梯以及互动式亲水台。互动式亲水台位于水池的最深处，就像是一个水面上的游乐岛。它鼓励孩子们互相合作——当他们按下不同的传感器，就会触发相应的喷水器，产生不同的水流和照明效果。特别是到了夜里，效果会格外壮观；浅水池里安装有水上滑梯。滑梯采用打孔钢材，外侧为白色，内侧为洋红色，可以产生莫尔效应。

室内游乐场

室内游乐场位于会所内部深处。会所内部给人的观感是清晰洁净，采用了大量的玻璃、曲折的透孔砖墙，此外还有院子，因此人的视线能够穿透其中。设计师以墙壁的流线造型作为设计的出发点，以玻璃墙面把游乐区包围起来，使它与会所大堂明确区分开来。尽管空间有限，这一区域所容纳的功能并不少，包括图书馆、书架、阅读角、一个真人比例的娃娃屋，以及与整个会所氛围一致的游戏屋。在游戏屋里，孩子们可以用可拆卸的软积木来创造各式各样的“建筑”，也可以在黑板上尽情发挥想象力和创意。

在蜿蜒的墙壁后有娃娃屋。一幅大尺寸的黑白画将墙划分成带有门、窗和阳台的不同区域。孩子们可以在这里释放自己对于角色扮演的“狂想”，放松地自在玩耍。尤其有趣的是，其中有一个长长的透明书柜，它犹如一堵墙，不仅仅是书柜，同时也是垂直的游乐设施。粉色的有机玻璃板、小楼梯，还有平台，共同在两面玻璃墙之间构成一个隐秘的游乐与阅读角。孩子们还可以爬上白色滑梯，从高处快乐地滑下来。

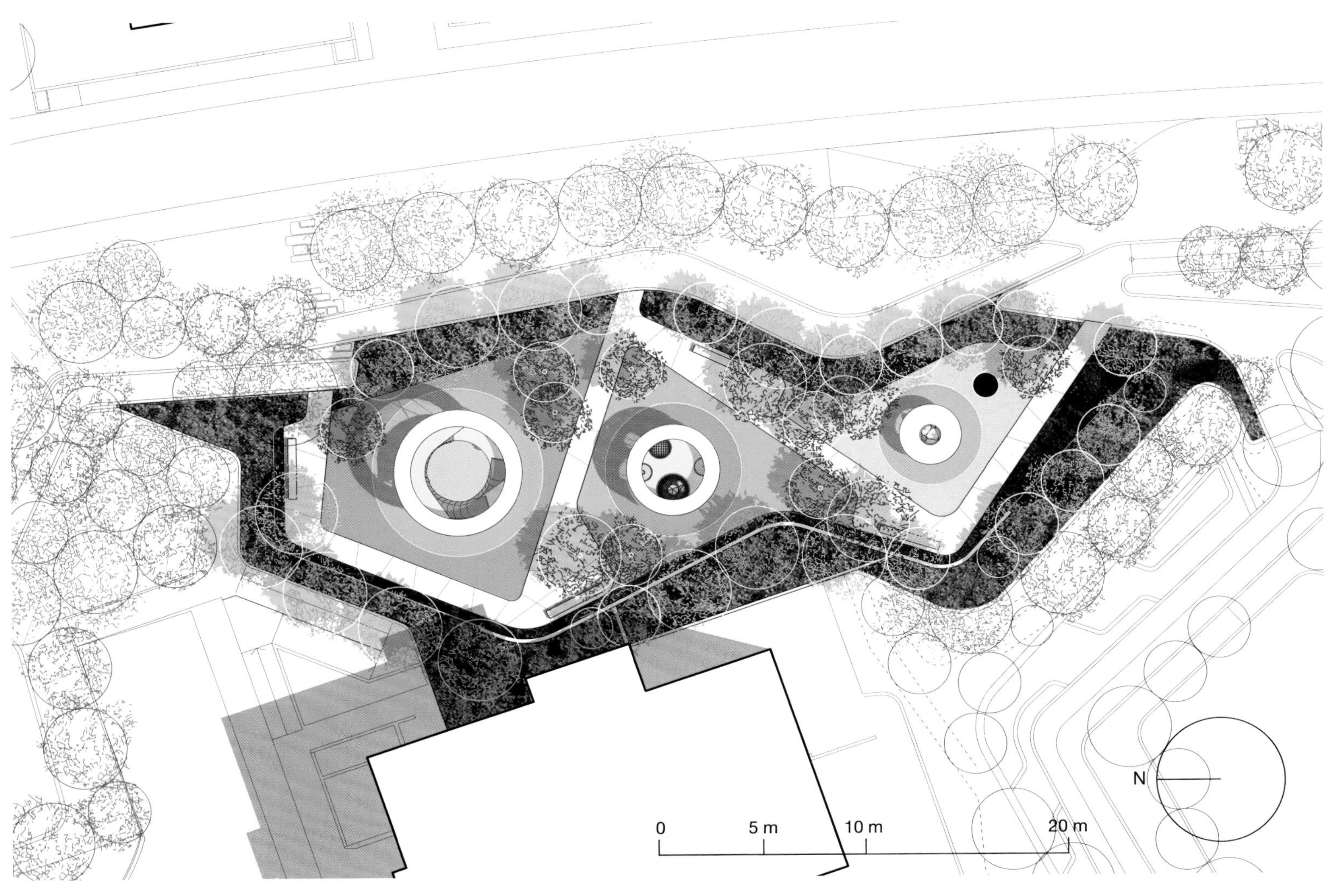
N
0
5 m
10 m
20 m

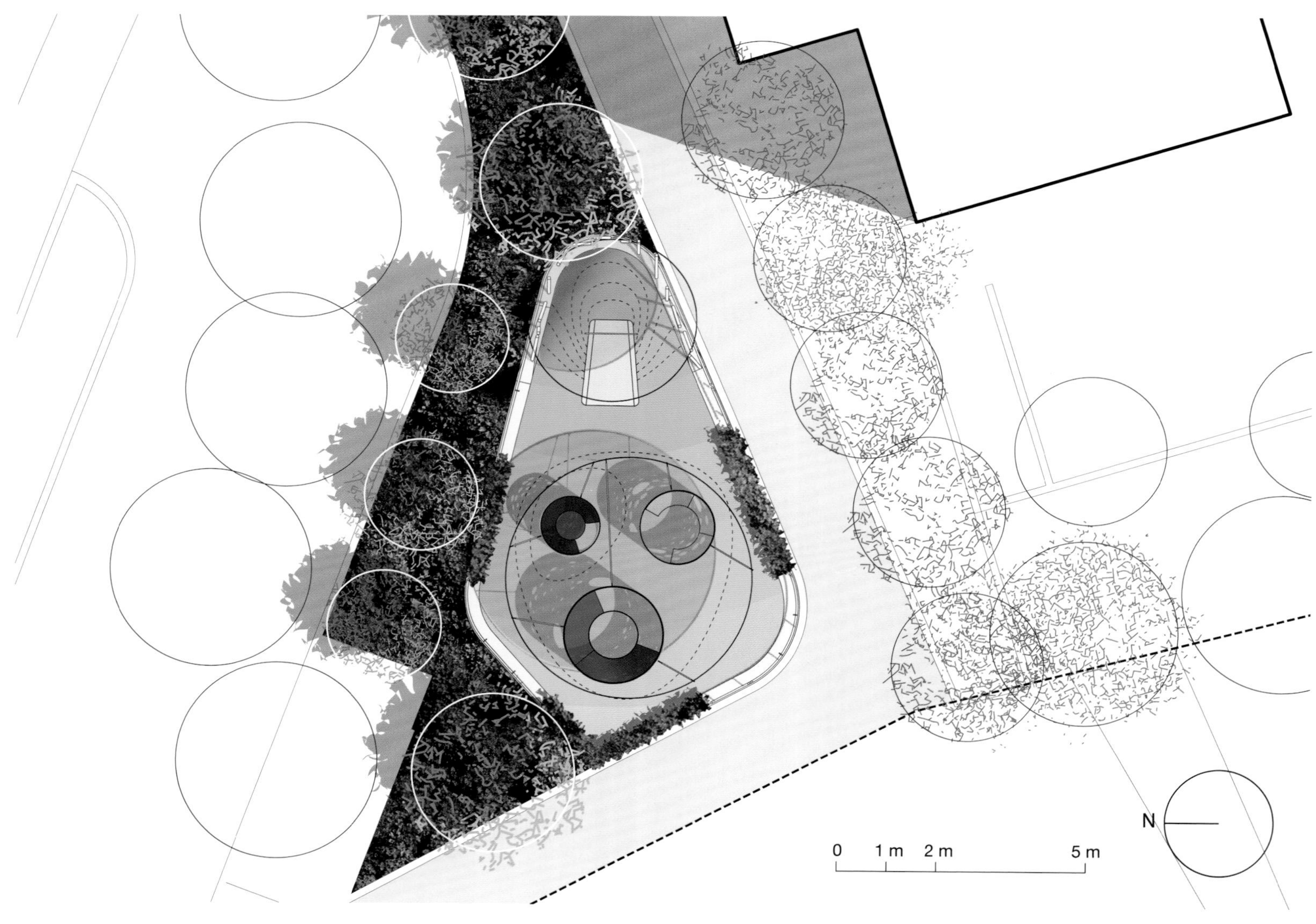
N
0
1 m
2 m
5 m

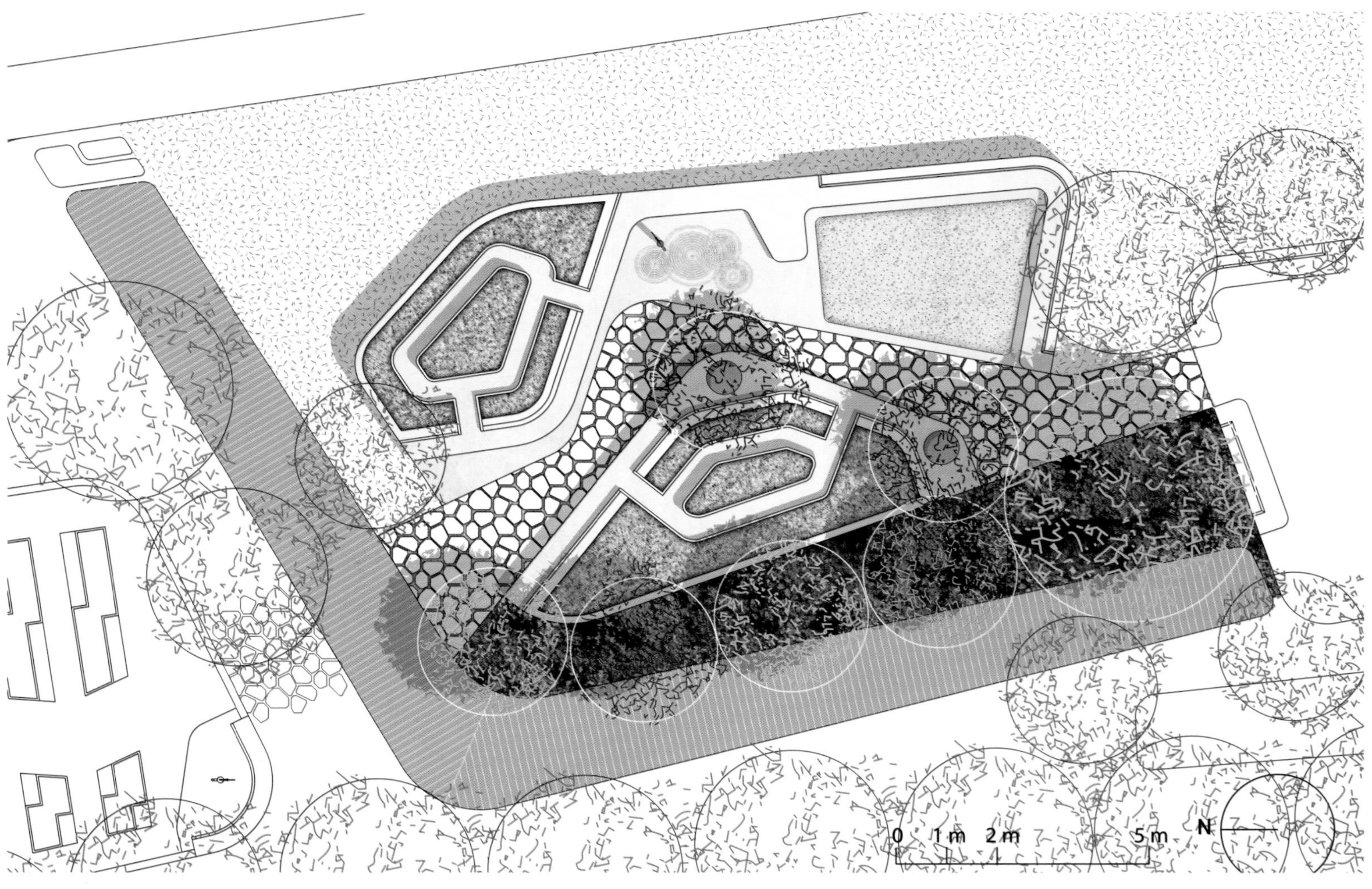
0 1m 2m 5m
N

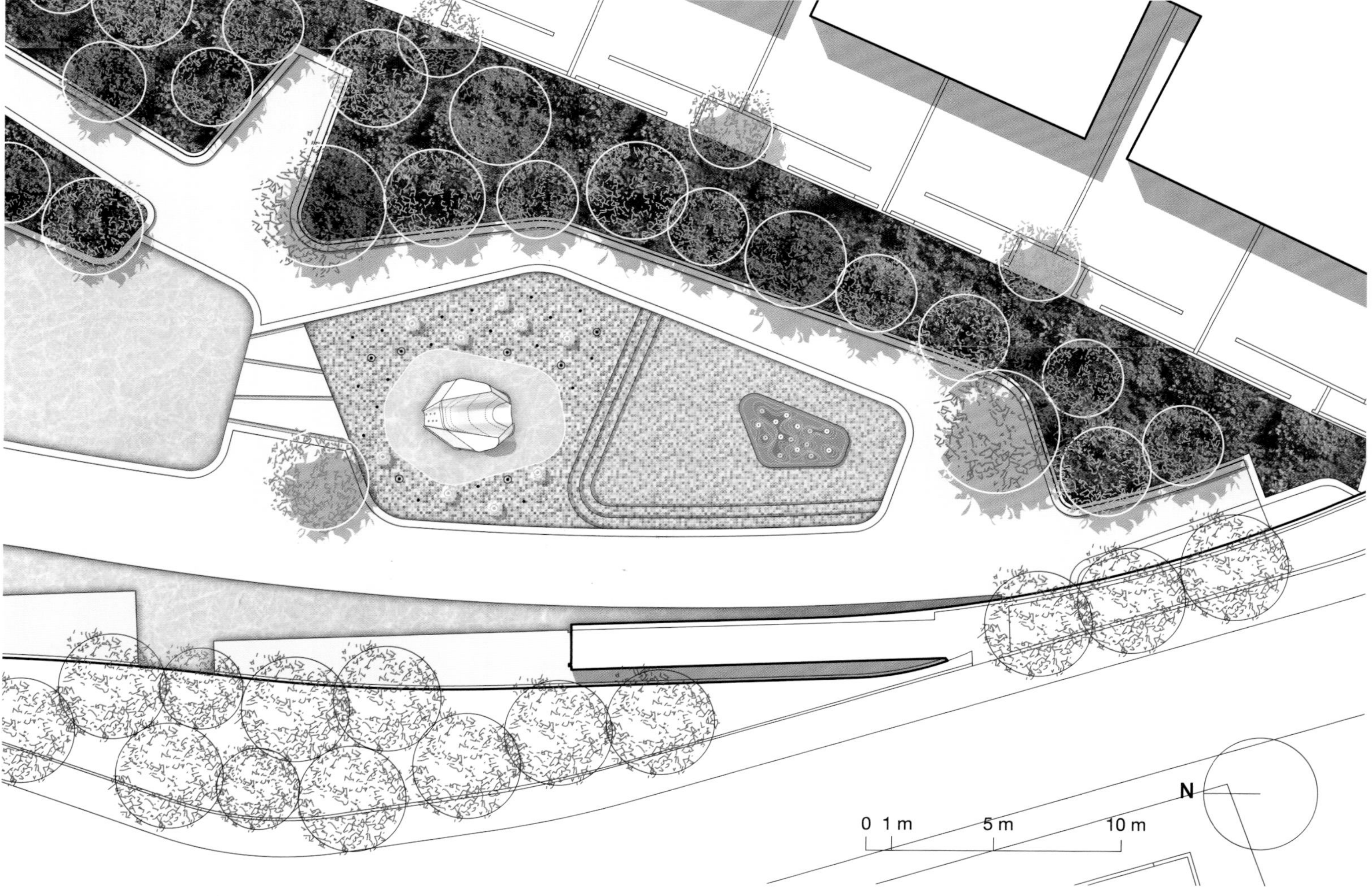
N
0 1 m
5 m
10 m

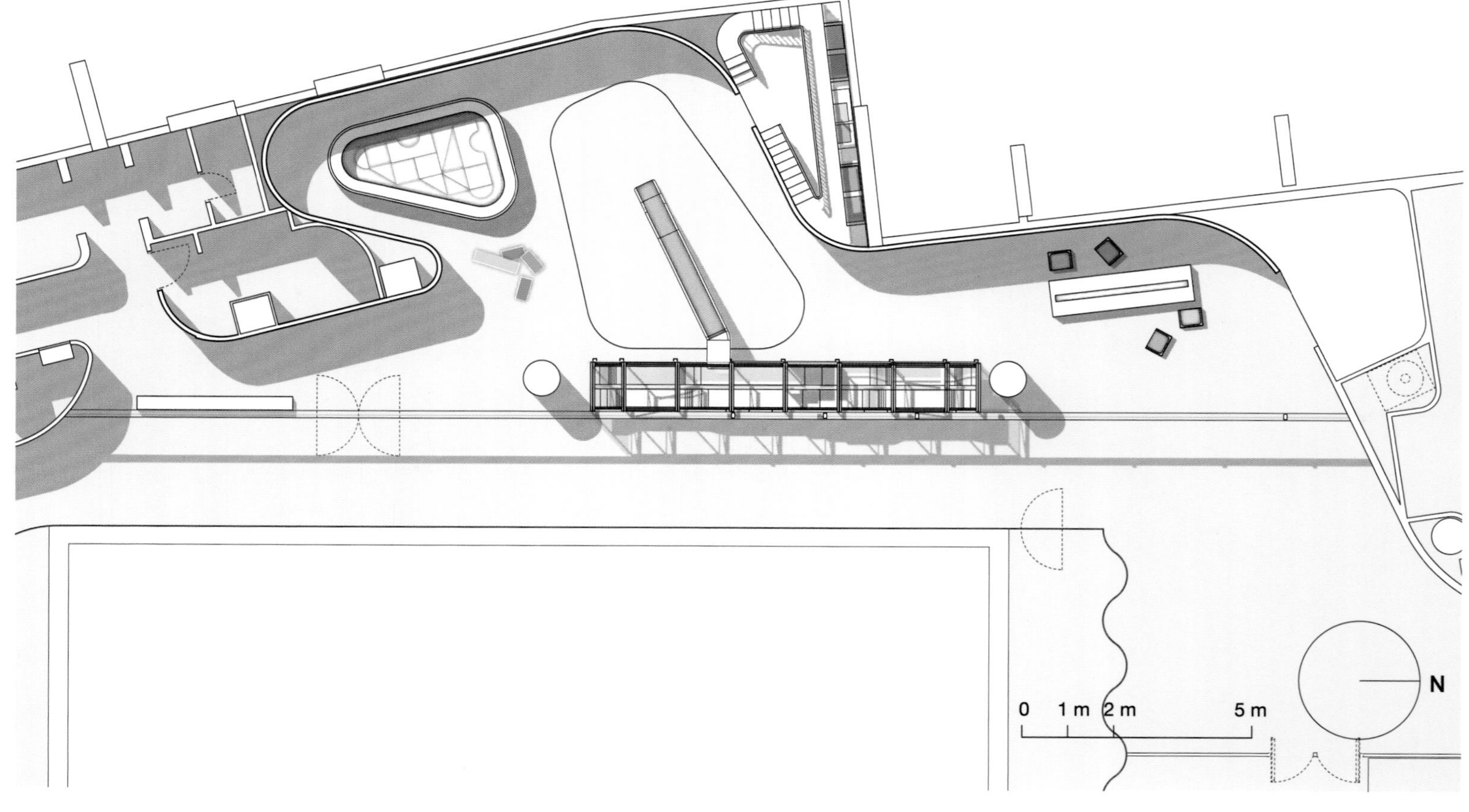
N
0 1m 2m 5m

ENGLISH

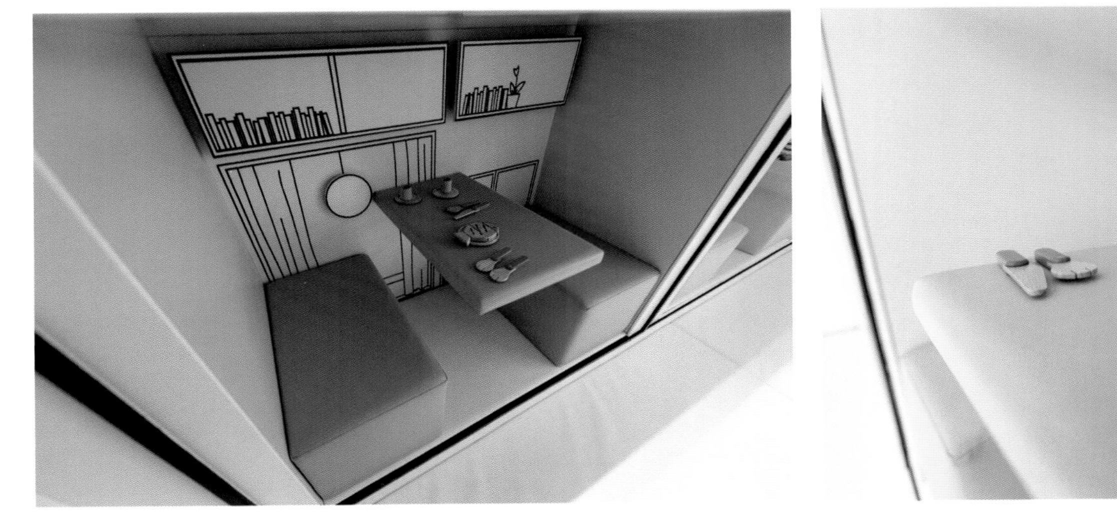

TIME ENJOYING PARK, CHANGCHUN

长春拾光公园

地点：吉林，长春
建筑面积：9 000 m^2
设计单位：派澜设计事务所
主创及设计团队：张方法、林坚美、常骥亚、李飞、黄颖秋、谷婉煜、郑瑞标
施工图：山水联合设计机构
儿童游乐场地规划：派澜设计事务所
雕塑、灯具、标识设计：派澜设计事务所
摄影：刘惺（大象摄影）

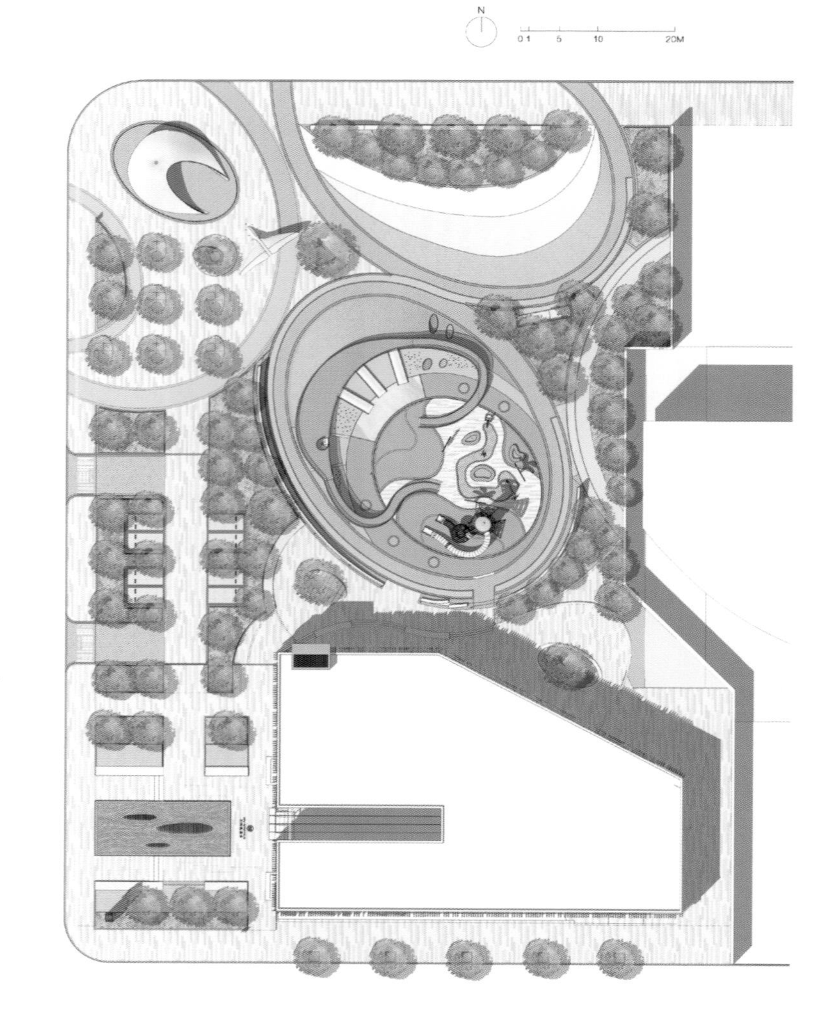

项目位于长春南部新城，为长春万科的市政代建公共绿地。周边多为新建住宅和新建建筑，缺少街区型公共开放空间。基地南侧为售楼处，东南侧为商铺。

长春作为森林城市，它优美的自然环境成了设计的灵感来源。设计师通过地形塑造、空间围合，让人感受高高低低的美妙变化。同时，设计师着眼于赋予场地更多的公共空间属性，创设出更多开放空间供大众使用。

设计师在道路交叉口的街角设置了地标性要素，以强调入口并增加场所的记忆点。设计师希望设置一个异于周边环境、超越森林谷地、非日常的装置性雕塑，于是引入了“鲸鱼雕塑”来消解地理学和心理学上的距离，为城市生活增加趣味与新意。“鲸鱼雕塑”致敬了艺术家安尼施·卡普尔的经典之作“云门”，以超然的力量，唤起人们内心的温和情感和无限遐思。

随着鲸鱼元素向内延伸，由有机曲线构成的儿童活动场地以怀抱的姿态迎接来自四面八方的使用者。

椭圆和自由曲线共同功能性的综合场地。蓝色与黄色的塑胶地垫拼贴组合形成几何化的场地，容纳着趣味和想象。

设计师又采用翻板墙的互动方式来增强场地边缘的活力，鼓励大家到此游戏、涂鸦与创作。

有益的活动设施会激发出人们的无限探索欲望，家长可以和孩子一起在这里学兔子跳、学青蛙跳，让孩子的身体和灵魂健康成长。

销售中心前的“鲸群”雕塑区，夏季时水池蓄满，镜面水景反射出“鲸群”的跃动。到了冬季，水落石出，层层阶梯显露出对山林谷地的回应。

正如华兹华斯描述都市生活时所说：“尽管这幅图景让人疲倦不堪，本质上是一个桀骜不驯的景象。但并非如此，只要人能定神观看，就能从最渺小之物中体会最伟大的意义，在局部中不失对总体的把握。” 从一个公园场地中探寻城市生活的趣味，在千城一面的城市图景中寻找不同，为每个项目量身打造最为贴切的设计，这正是设计师所追求的方向。

地形塑造下的“山林谷地”

有机曲线构成的儿童活动场地

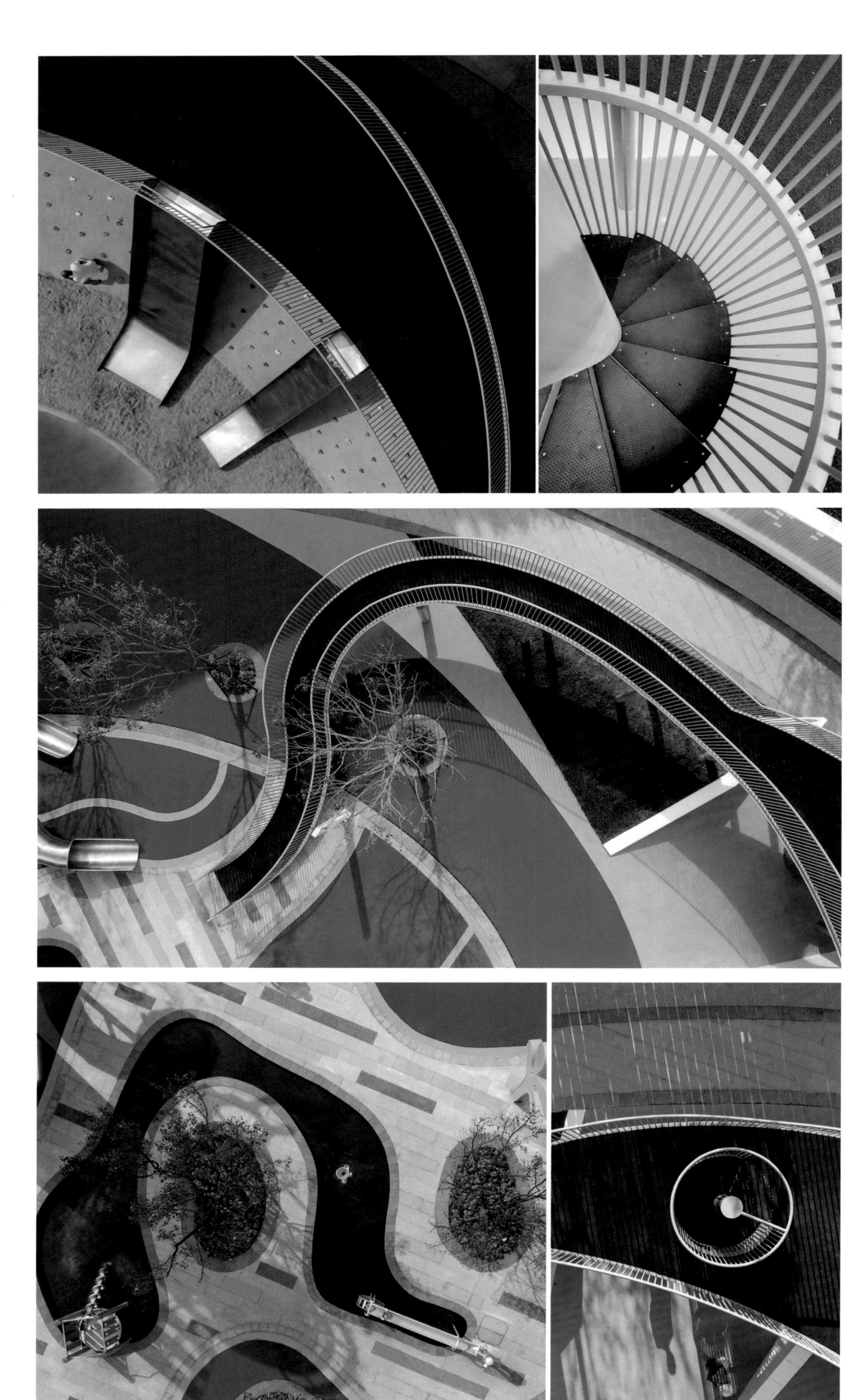

几何形态下的活动场地

致敬经典的“云门”雕塑

光影变化下的反射意趣

逐渐显现的“鲸鱼雕塑”

一个雕塑不仅仅是一个雕塑，它可以和人们建立各种联系，进行互动。探索雕塑和人交流的可能性，有着多种不同的可能方式。

下沉式空间：从鲸须中拨动而入，逐渐进入鱼腹的下沉空间，鱼尾如滑梯板可以用于上下游玩。

穿过式空间：鲸鱼的嘴和肚子连成一体，人们可以进入，从尾部两侧穿过。

攀爬式空间：整个鲸鱼的背部就是一个大型攀爬游乐设施。

在“繁”与“简”之间，设计师选择较为中和的“穿越式空间”，以此平衡成本与趣味性。

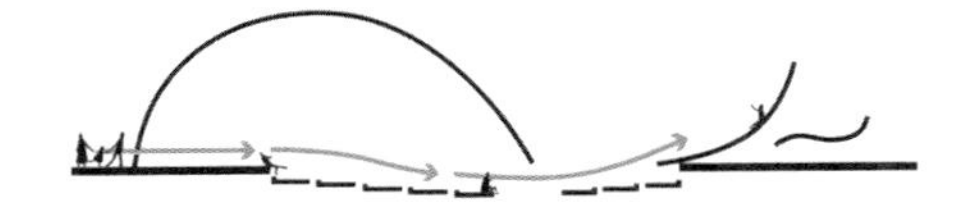

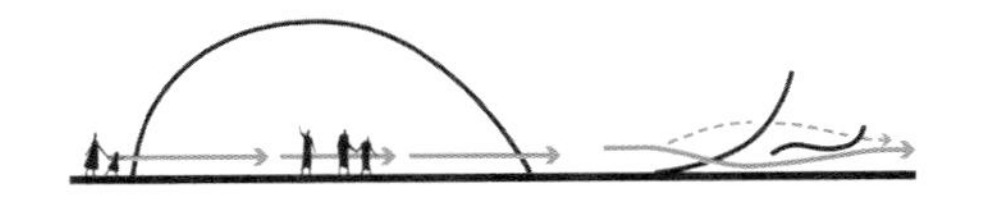

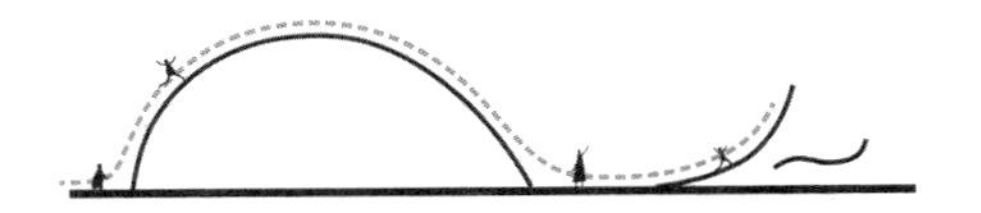

可参与式的游乐设施

选取符合场地空间布局的器械进行布置，形成多样趣味性的儿童活动场地

可以转动的树池座椅

可以转动的树池，让大人和小孩都在转动中感受到了喜悦，在推动中感受到满满的爱意

激发童年记忆的弹跳跑道

弹跳跑道，激发起每个来到这里的人的弹跳欲望和奔跑乐趣

充满可变性和创造力的翻板墙

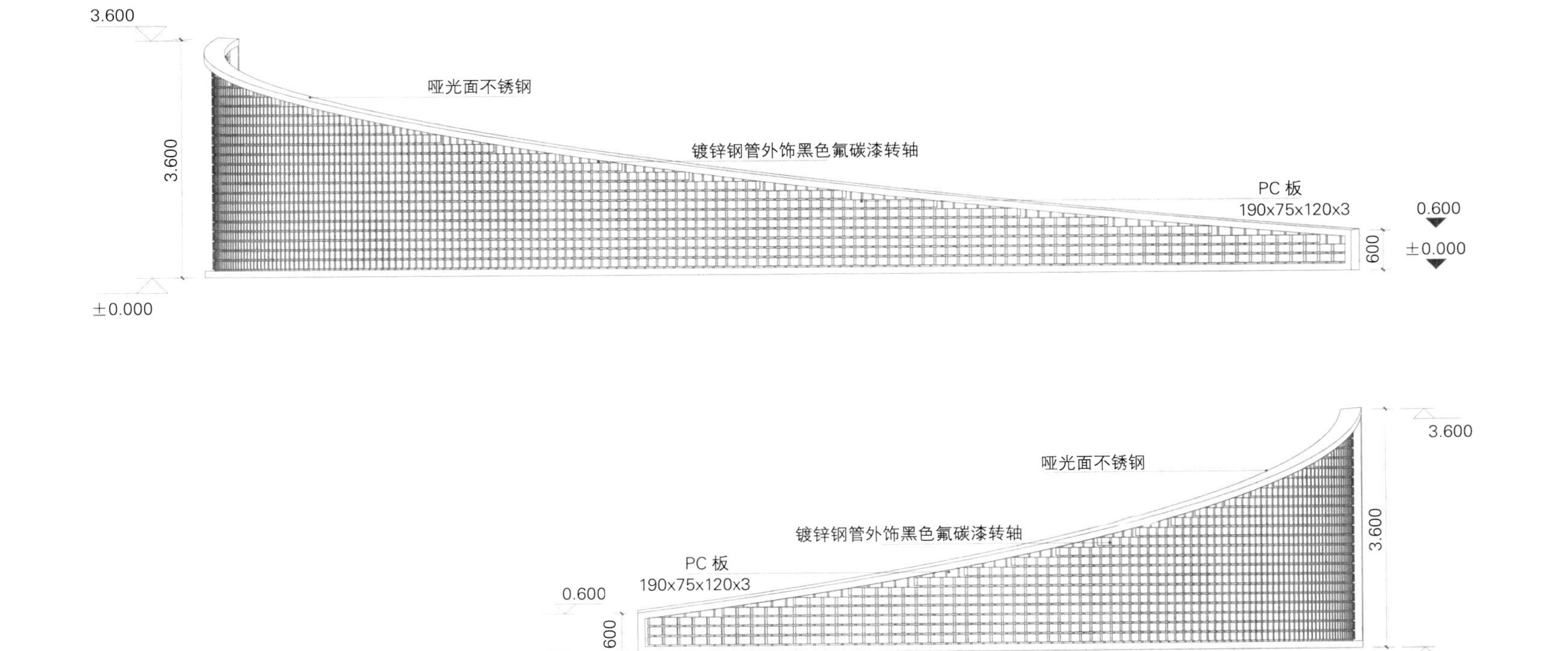

翻板墙做法详图

CLOUD PARADISE IN LUXELAKES ECO-CITY, CHENGDU

成都麓湖生态城云朵乐园

地点：四川，成都

面积：25 000 m^2

客户：成都万华新城发展股份有限公司

景观设计：上海张唐景观设计事务所

艺术工作室：郑佳林、刘洪超、孙川、范炎杰、胡一昊

设计团队：张东、唐子颖、张卿、徐敏、周啸、彭阳、席琦、顾欣骏、王琪、卞少豪

摄影：张海、张唐景观、成都麓湖

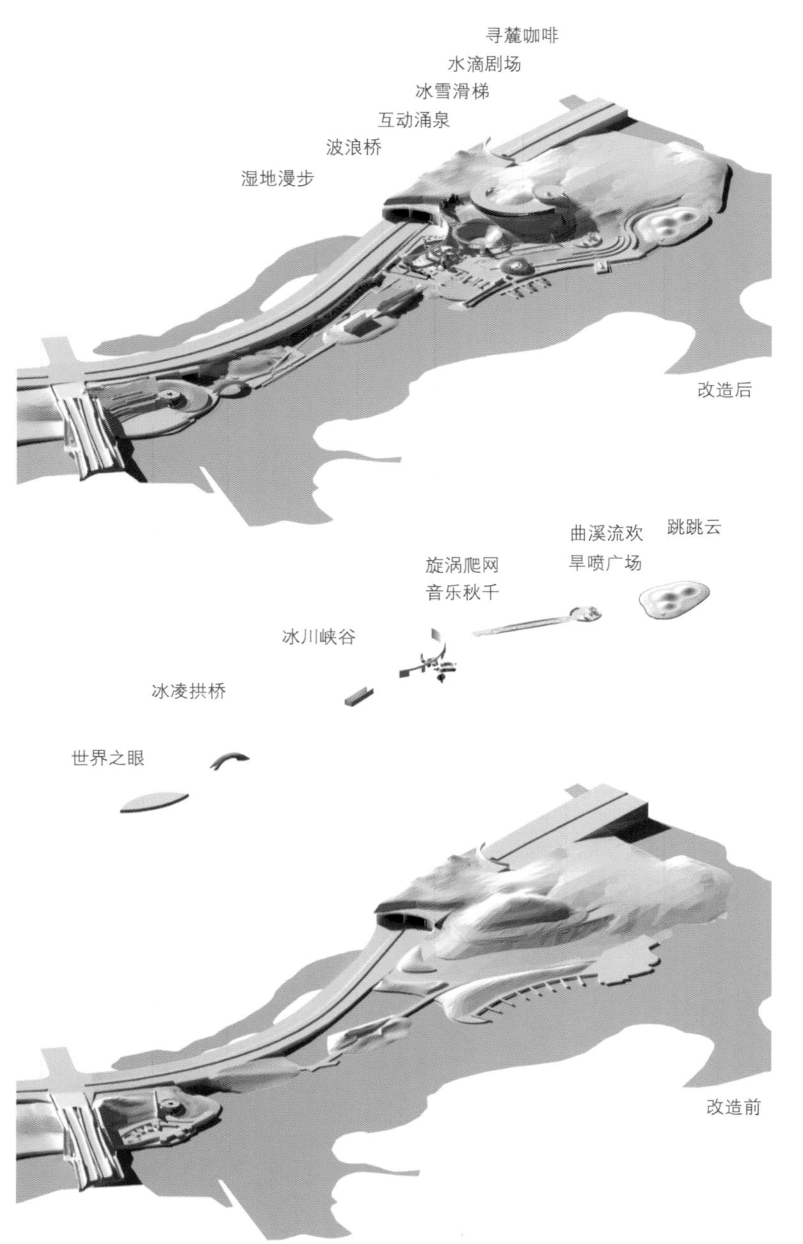

麓湖生态城位于成都市南部，是一处集产业、商业、居住功能为一体的新型城市片区。麓湖生态城云朵乐园是麓湖生态城内介于市政道路与湖面之间的滨水带状绿地，占地约 25 000 m^2。设计团队将场地定位为寓教于乐的儿童乐园——一处露天的“水体验馆”。云朵乐园以水为主题，设计出放大的水滴、白云、溪流、旋涡、冰川峡谷等节点，以激发孩子们探索未知世界的好奇心。

受冰川峡谷形态的启发，设计团队将场地中一处原以挡土墙和树木为主的穿行空间加以调整，形成了由三角不锈钢镜面构成的能够反射天光的墙壁；一座满布“冰凌”的拱桥沿湖而立，既保障了湖岸流线的完整性，又满足了通航的需求；此外，在原有山坡地形的基础上，设计构筑了一处由白色水磨石构成的滑坡，并在其周边辅以环形走廊、旋转楼梯及沙坑等游乐设施。

穿越冰雪世界，湖边小岛上的一朵巨大的“跳跳云”映入眼帘。在这个内部充气的巨大异型蹦床上，孩子们可以体验腾云驾雾的感觉。

以小水滴为灵感，设计师在临湖码头入口处构筑了一个具有雕塑感的“水滴剧场”。该构筑物由不锈钢异型管材加工而成，其内部水滴状座凳由镜面不锈钢材料制成，可以弹动。

在“旱喷广场”，设计师引入了机械动力装置，踩蹬踏板时，喷泉喷射而出，孩子们便可在水流间嬉戏玩耍。从旱喷泉中喷出的水汇聚在广场中央，顺地形流淌，形成一条蜿蜒曲折、可以充分接触体验的溪流。

为了更全面地展现水的形态，项目还设置了以旋涡为灵感的定制游乐设施，包括爬网、滚轴滑梯、激光阵、树屋等；设计师还在现有水系的基础上增加了一处可以进入的湿地花园，其中有可近距离观察的各种水生植物、蝌蚪、青蛙和鱼等。

云朵乐园的设计大多以自然元素为基础，让孩子们能够通过观察和体验建立与自然的情感连接。游乐设施所对应的运动强度适中，且十分具有趣味性。当孩子们排队玩滑梯、合作玩跷跷板、比赛攀爬时，又可以获得与他人交流、分享、合作的机会。

整个场地和设施中运用了许多不同的材料、声音、色彩、质感和形状等，可帮助孩子们在玩耍过程中锻炼视觉、触觉和听觉等感知能力。同时，还通过互动自行车、互动涌泉等装置鼓励父母也参与到亲子活动中来。

在设计师看来，景观设计并非单纯为了恢复生态系统，也并非只为满足人们寻求刺激和消磨时间的需求，其核心应在于重塑人与自然的关系。云朵乐园的生态策略、互动设施、环境教育就旨在增进人和水、人和自然的关系。

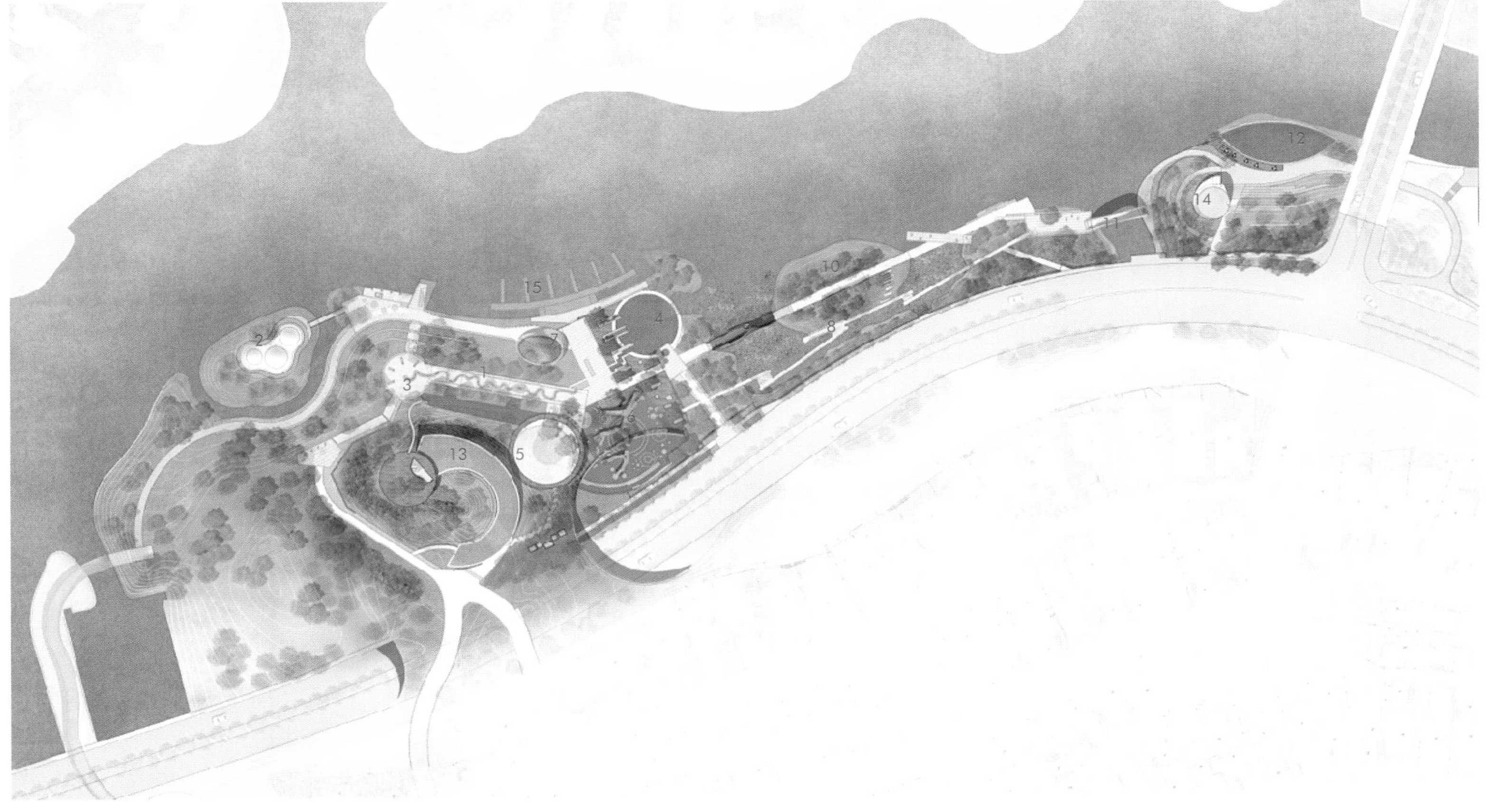

1.曲溪流欢
2.跳跳云
3.旱喷广场
4.互动涌泉
5.冰雪滑梯
6.漩涡爬网
7.水滴剧场
8.湿地漫步
9.巨浪飞渡
10.冰川峡谷
11.冰凌拱桥
12.世界之眼
13.寻麓咖啡厅
14.小卖部
15.码头

总平面图

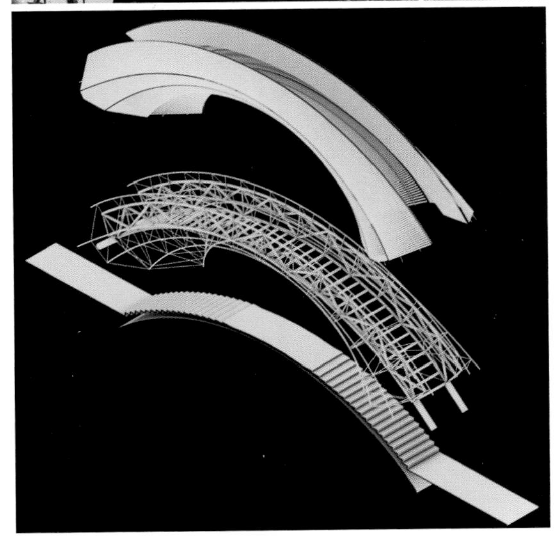

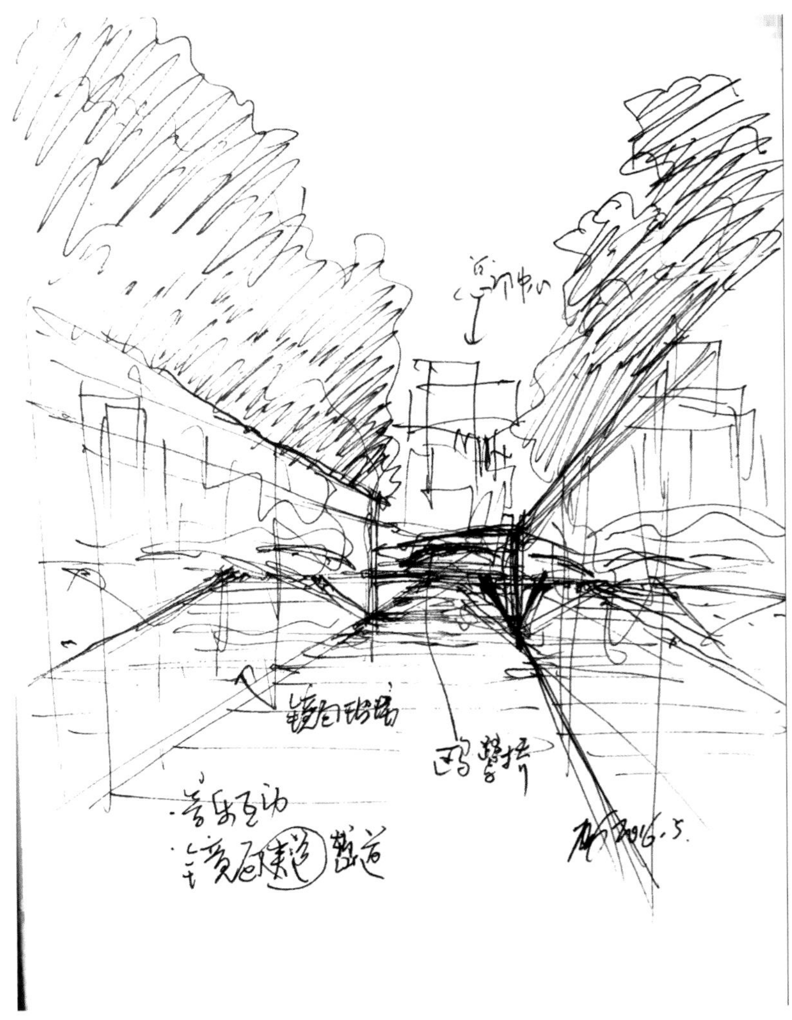

5% SLOPE

BRUTALIST PLAYGROUND

粗犷游乐场

地点：英国
建筑师：Assemble
项目团队：Joseph Halligan, Jane Hall
合作：Simon Terrill
结构工程师：Structure Workshop, Flux Metal
摄影：Tristan Fewings

这是英国皇家建筑师学会公共画廊中的一个设施。它对三处富有特色的英国住宅区中的分支结构进行了1:1的复制，分别为皮姆利科区的丘吉尔花园、波普拉区的棕色地带以及帕丁顿区的布鲁内尔住宅。Assemble建筑事务所将这些混凝土和钢材质的游乐场结构进行了重塑，利用再生泡沫材料在新场地建造，使人们忽略材料特性来考虑其形式特点。

游客可以爬上淡粉色、蓝色以及绿色的物体之上，这些物体构成了楼梯、斜坡、平台、滑道，以及直径为5 m的圆盘场地，场地设有黄色的金属栏杆，一侧被抬高。

观景平台向上延伸至天花板处，人们可在此透过画廊的玻璃屋顶向外观看风景。这个观景平台再现了（棕色地带）Balfron塔楼基座内游乐场内的部分结构。该塔楼由Erno Goldfinger设计，是仍位于原场址仅有的几个原始设计之一。Assemble和Simon Terrill利用泡沫材料对其外形进行了复制，鼓励孩子们以玩耍的方式认识历史。

皮姆利科区的丘吉尔花园，伦敦，1962年

波普拉区棕色地带的Balfron塔楼游乐场，伦敦，1967年

帕丁顿区的布鲁内尔住宅，伦敦，1962年

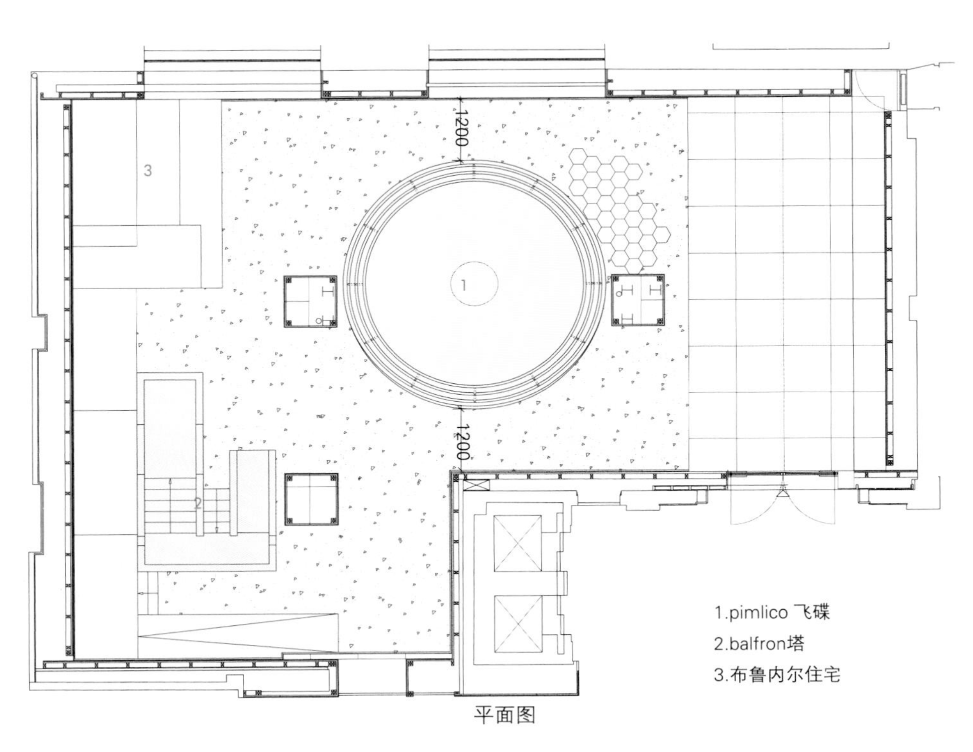

平面图

CIRCLING THE AVENUE

林荫道上的“圆圈”

地点：以色列，哈代拉
面积：2 400 m^2
设计师：Beeri Ben Shalom，Orna Ben Zioni
建筑师：Lital Haimovich Rosenberg
设计单位：BO Landscape Architects
工业设计： Lemon Collection Ltd
摄影：Yoav Peled

埃米尔大道位于哈代拉的城市中心区，修建于 20 世纪 20 年代。这条街道长约 160 m，宽约 12 m，两边种植以榕树，构成了城市历史核心区域一个重要的部分。当地政府将其定位为能够改变城市面貌和城市肌理、具有巨大潜力的中心区域。

20 世纪 30 年代，以色列曾以欧洲盛行的街道样式作为城市与新型社区的规划范式。如今，新的规划则旨在为道路带来融合了历史元素的变化感——三排榕树构成了林荫道的基本特征，中间的一排并不完全种满，这样步行者就能够在其间休息。与欧洲传统的林荫道不同，设计师并未将中央的小路设定为带有休息区的花园区域，而是将其改为可供玩耍和集会的场所。

设计师保留了位于埃米尔大道与阿哈德·哈阿姆大街交汇处的古老凉亭，使它成为活跃的社区咖啡馆。咖啡馆与林荫道之间设置了阶梯和座位，营造出更富活力的氛围。

本案的设计还包含了环绕在榕树周围的三条主要小路：两边的道路分别服务于行人和骑行者，中间的道路则用作活动路线。此外，还置入了一条横向道路以增强中央道路与相邻道路的连接。中央道路置入了四个形如雕塑的休闲座椅，其间穿插以植物覆盖的小丘和一系列平衡木桩。

尤其有趣的部分是林荫道中的众多“黄色圆圈”，它们可以作为休闲雕塑座椅，让人们在上面就坐、集会和玩耍，为传统的林荫道增加了别样的体验。每组座位均由设计团队和 Lemon Collection 公司合作完成，包括 4 个悬吊在斜梁上的圆形椅子。“黄色圆圈”提供了极其多样化的使用可能：人们可以在圆圈内躺下，也可以爬上圆圈，或者在圆圈中间行走。这些圆圈以不同角度放置在细柱上，到了夜间会被灯光照亮。由此，它们成了哈代拉市中心的视觉标志。

设计师还设置了贯穿道路始末的游戏木桩。跷跷板中常用的木板和木桩，给孩子和大人都带来了有趣的游戏体验。

“黄色圆圈”和道路上的各种元素都呈现出简洁的美，它们为运动设施的独特造型提供了适宜的背景。景观区域的路面和墙体均饰以浅灰色，额外增设的座位区与雕塑座椅也选用了相似的颜色。

充满历史气息的埃米尔林荫道，就这样由公路旁的边缘化地带转变为一个活跃的新场所。

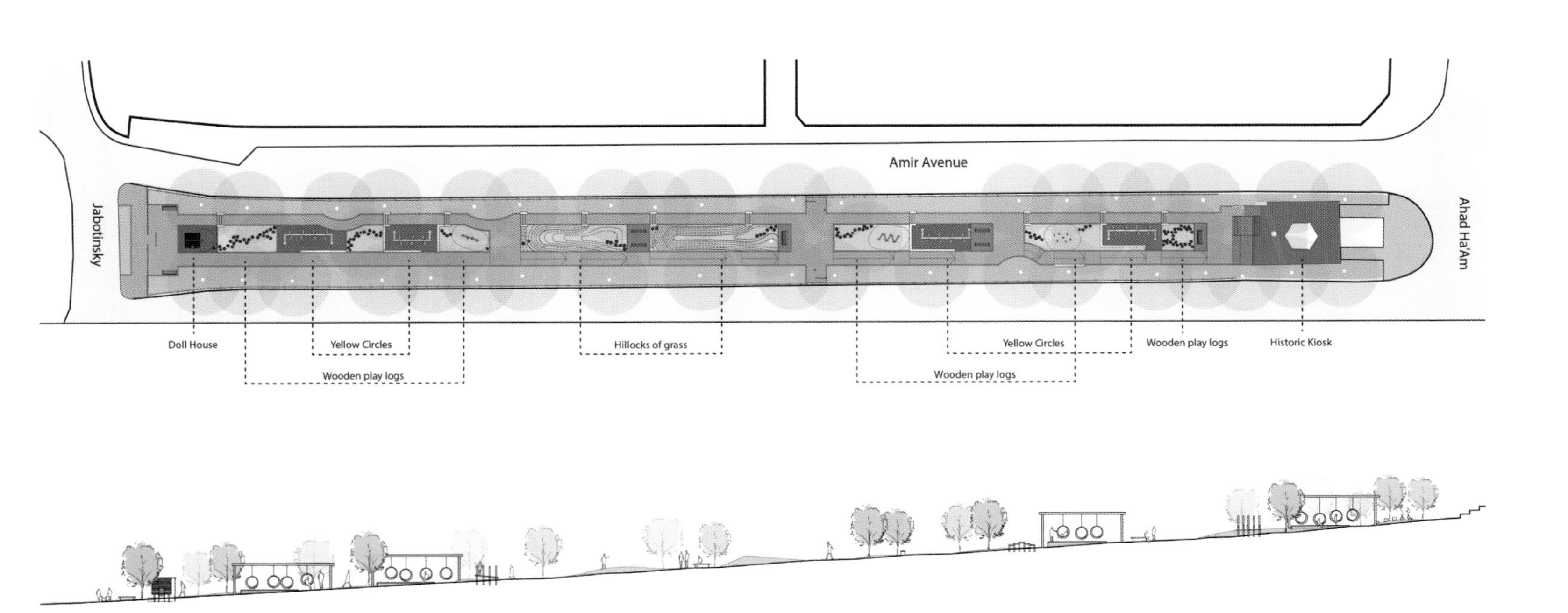

HASHOMRIM PARK

Hashomrim 公园

地点：以色列，Kiryat Tivon
面积：13 000 m^2
景观设计：Orna Ben-Zioni 、Beeri Ben-Shalom
设计单位：BO- Landscape Architects
摄影：Amit Haas

汉娜·罗森在一篇名为《被过分保护的孩子们》的文章里谈道，在过去的30年里，家长对孩子越来越倾向于采取“过度保护”。她所主导的一项调查显示，20世纪90年代兴建的一些操场如今变得更安全，但缺少了很多乐趣，其中的活动变得无聊。结果还显示，一个富有挑战的玩耍环境能够迫使孩子们去尝试那些他们害怕的事，从而克服恐惧并且做出决定，这是孩子成长过程中的一个重要部分。

作为景观设计师，Orna Ben-Zioni 和 Beeri Ben-Shalom 的大多数作品都包含着面向儿童的设计。他们在参与一些幼儿园和小学的操场设计时，深深惊讶于所面临的困难——“比如我们在一个场地里设计了小花园，用低矮的原木来划分花园的边界，但家长要求我们将原木全部移走，因为他们担心这些给孩子们玩耍的原木会导致孩子们摔伤。有关部门在文件中写道，学校的活动区域内禁止出现能让孩子们攀爬的设施或者可能撞到的突起物。同样地，由于孩子们可能会从矮墙上摔下来，我们不得不放弃已经设计好的小剧场。”更糟的是，不仅仅是学校或者幼儿园受到法令和家长的限制，那些本应能够让孩子们更加自由地玩耍、实践与探索的开放空间，同样如此。

本案位于以色列 Kiryat Tivon 地区的 Hashomrim 公园，设有儿童活动区域。场地位于一片橡树和松树林之间，但由于不符合国家的安全标准，之前的一些游乐设施都被移走了。最开始时，设计师的理念是最大限度地利用那些古老的树木以及它们形成的宽广树荫。设计师如是说：“我们设计了通向活动区域的林间小路，同时也保证了游乐设施符合安全标准。为了最大限度地保护古树、空间和树荫，我们特意让道路围绕在树的周围。”

随着项目发展，有关负责人要求设计师砍掉更多树木——开始时只是针对树龄较小的树木，后来发展为连很多离活动区域太近的老树也要砍掉。最终，设计师不得不砍掉了许多古树，他们决定将砍倒的树干切成片状，仍然摆放在原来的位置，只是稍微改变了形式和功能，使它们变得更有雕塑感。

设计师说：“当我们把场地里的树木都砍倒，我们失去的不仅仅是活动场地所需要的树荫，还有整个公园的氛围。现在，我们只能坐在那些被我们砍掉的树的树墩上，去感受我们曾经所拥有的。”

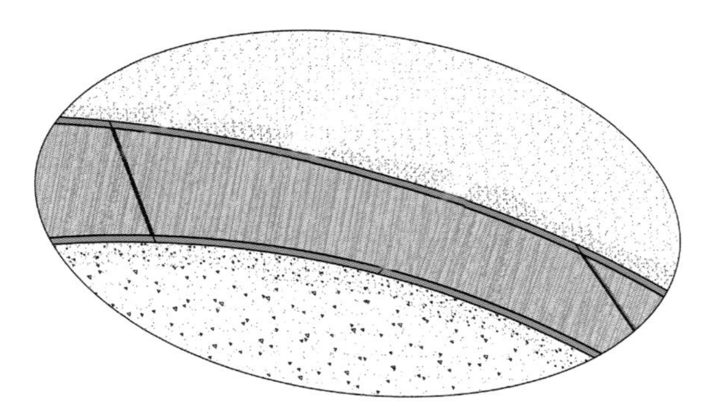

混凝土路径

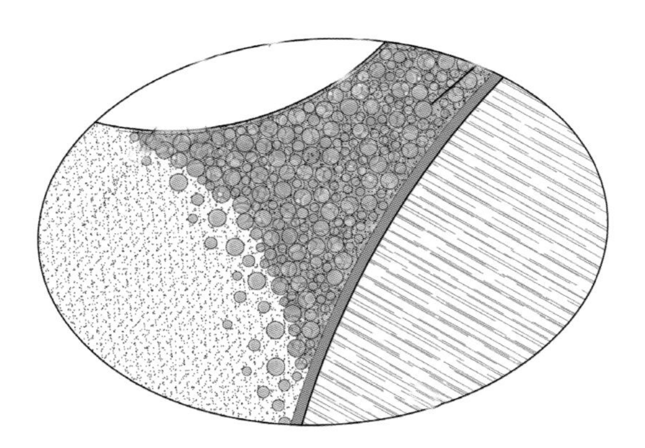

锯材表面

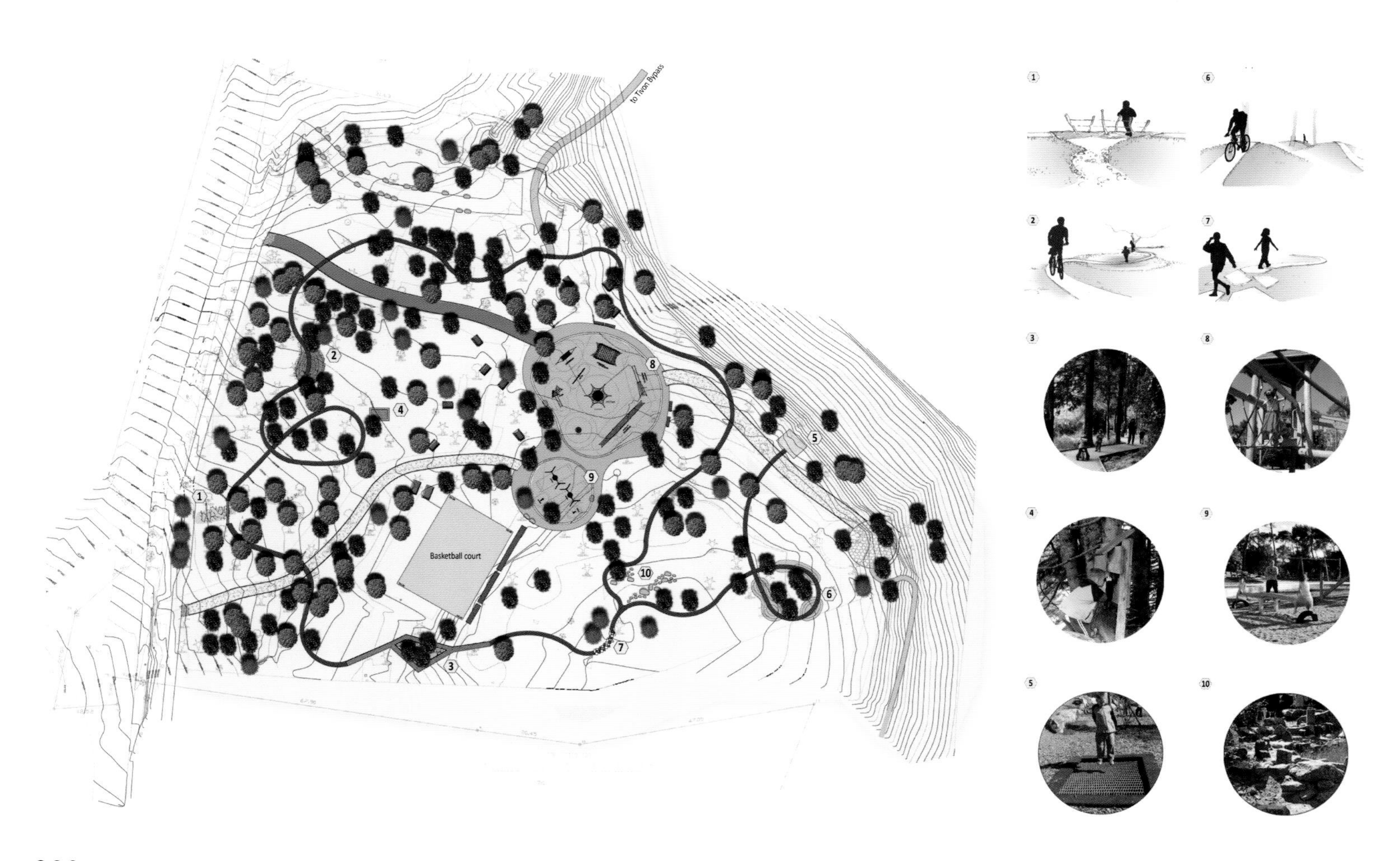

XIAMUTANG WELFARE ACADEMY FOR CHILDREN

夏木塘儿童公益书院

地点：江西，万安
用地面积：300 m^2
建筑面积：50 m^2
业主：CBC 建筑中心、“两个盒子”公益项目
主创建筑师：张海翱、徐航、曾伟人
设计团队：姚奇炜、李洪喜、袁胤轩、王晓葳、孙加蓥、徐韦君
设计单位：上海华都建筑规划设计有限公司

这是一个地处江西省万安县夏木塘村的儿童公益书院，旨在用低技术、低成本的建筑来满足乡村留守儿童对活动和阅读场地的需求。项目面临着诸多挑战：资金限制，工期只有 20 多天，乡村施工条件艰苦，当地施工技术落后等。

场地紧邻老祠堂，同时也是村民上山的必经之路，因此在建筑方案中需要预留出人流的通过道路。场地与田野之间有一大片竹林，风从中穿过时，透过斑驳的竹子隐约可以看到远方的稻田。设计师从这些环境特征中产生了思考——人造一片竹林，既可以限定空间，又可以保持通过性。

设计师使用的主要材料是经过碳化处理的竹子，它们通过两个三角形节点的咬合受力，做成斗拱状的结构形态。同时，采用直的短竹子螺杆搭接工艺，主要工具为螺杆、垫片、螺母、电钻枪和砂轮。

由于竹子本身的结构特性，它无法像钢结构那样焊接，必须利用圆筒交叉形成固定点，因此必须由两个不同高度的模块（A+B）交错拼装为一个“伞”。当地工人和设计团队一起研究，共同开发出可以批量生产的拼装模块。伞的结构由长短不一的两种模块组成，一共 6 片模块，以每 2 个之间相隔 60° 的手法排列组成。在柱中与柱底，则用螺杆两两连接，通过螺母调整由 6 个竹子整体组成的柱子截面大小。从造价和施工的角度出发，设计师还使用了阳光板。在室内则主要采用了环保的欧松板。

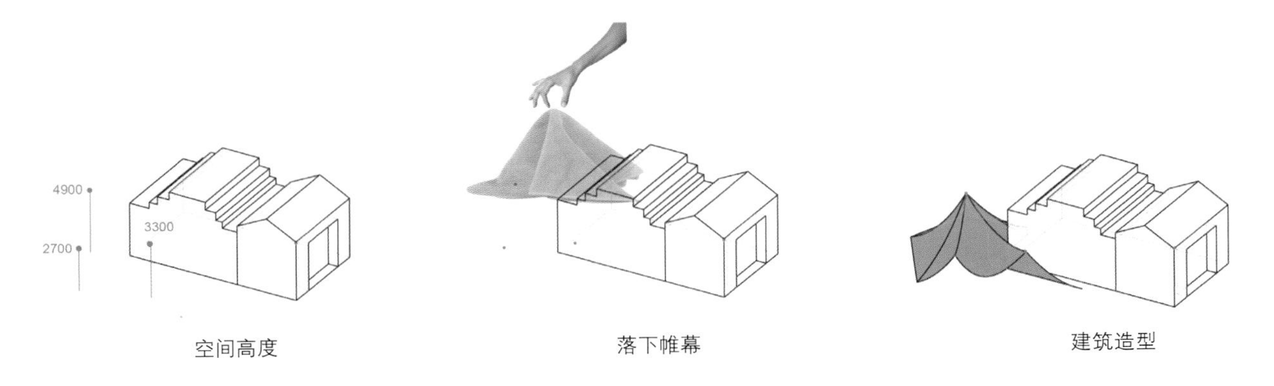
4900
2700
3300
空间高度
落下帷幕
建筑造型

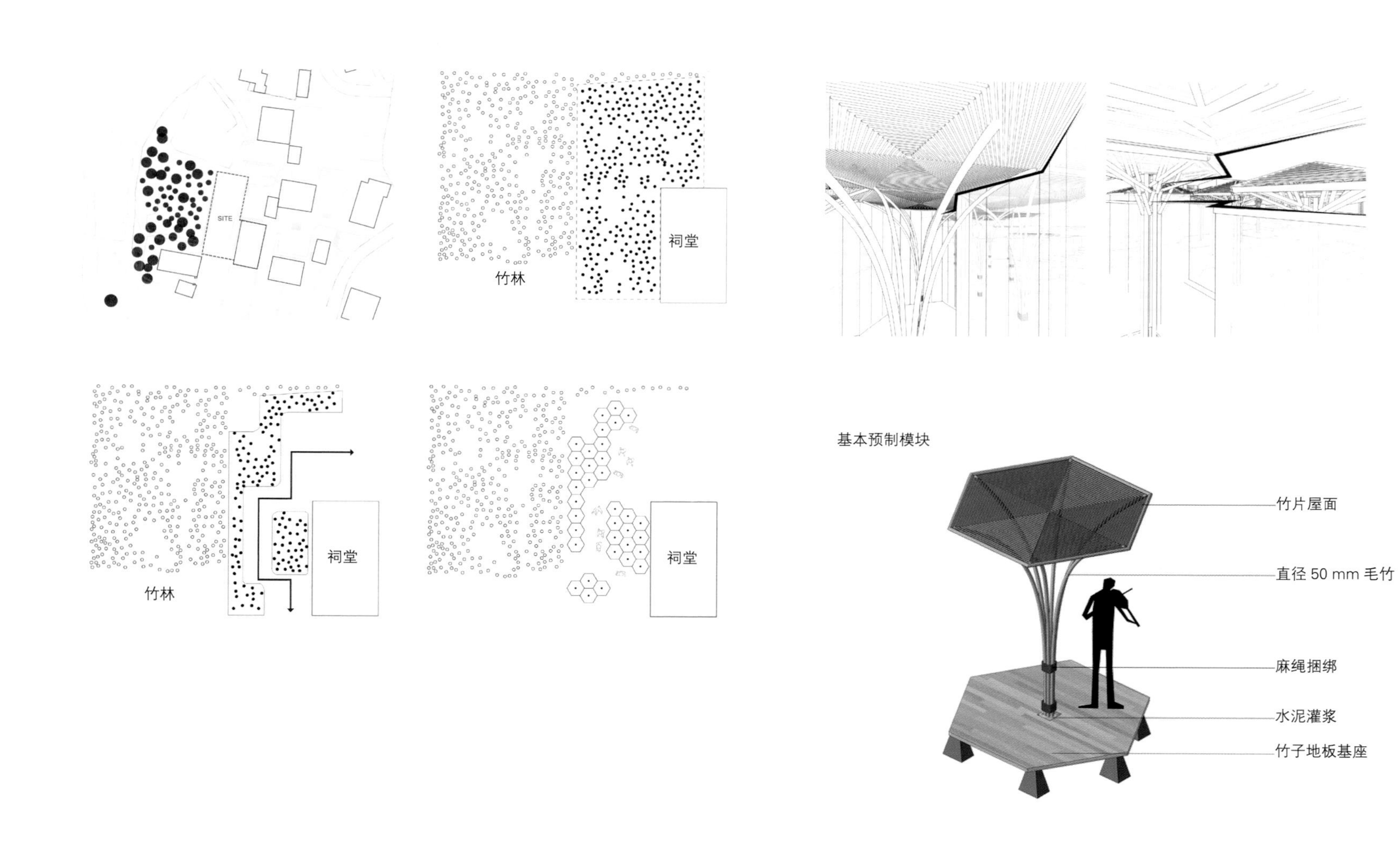
SITE
竹林
祠堂
竹林
祠堂
祠堂
基本预制模块
竹片屋面
直径 50 mm 毛竹
麻绳捆绑
水泥灌浆
竹子地板基座

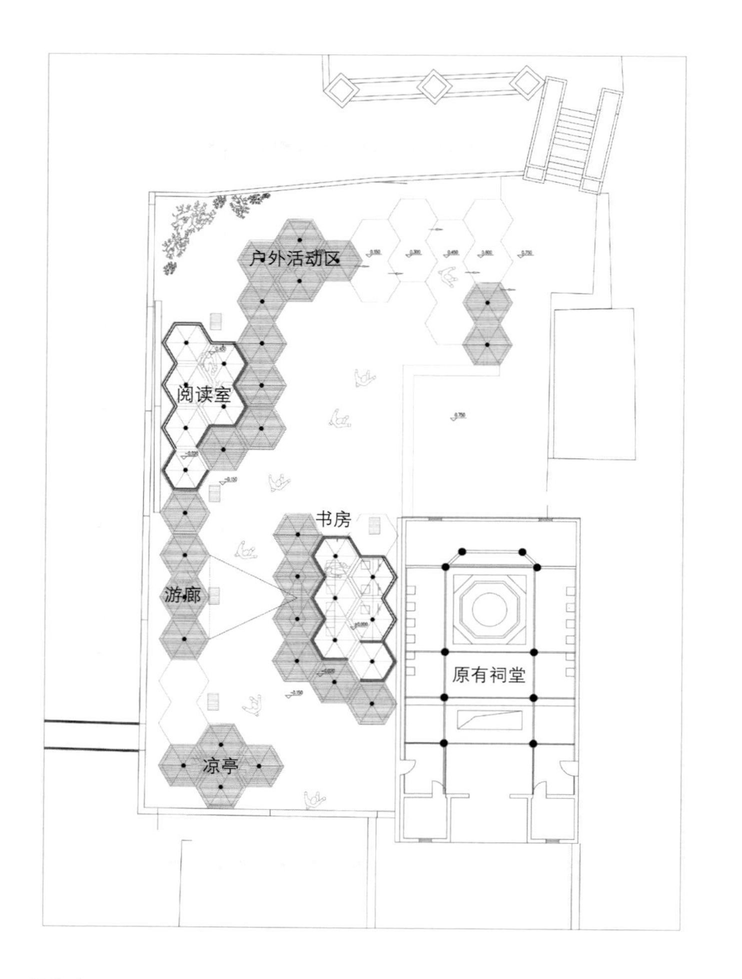
户外活动区
阅读室
书房
游廊
原有祠堂
凉亭

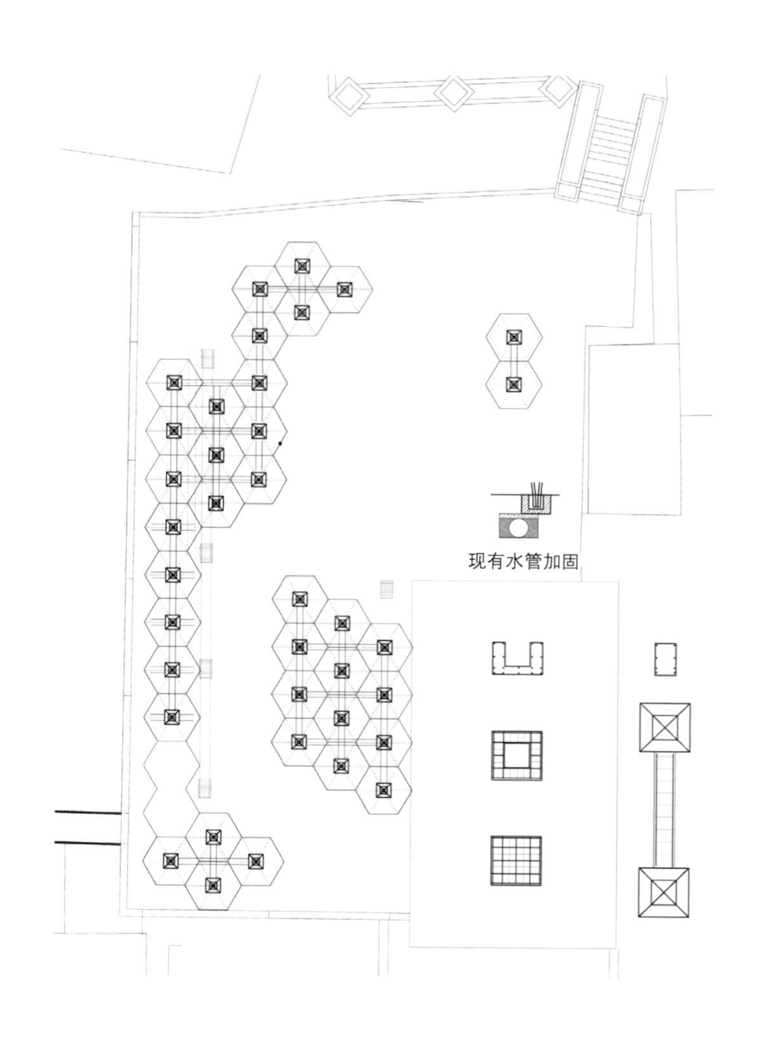
现有水管加固